情報通信ネットワーク入門

尾崎 博一 著

コロナ社

ま　え　が　き

　情報通信ネットワークやインターネットに関する教科書，解説書は数多く出版されている。タイトルを見て本書を手にした人はそれらといったい何が違うのだろうと思うかもしれない。本書の特徴は，まず記述が平易でひとりで読み進められるということである。また，本書を読むために予備知識はほとんど必要でない。高校卒業程度の知識があればだれでも読み進めることができるはずである。しかし，基礎的な内容の解説だけに終始しているかというとそうでもない。他の入門的な教科書にはあまり書かれていない比較的高度なこと（しかし重要なこと），たとえば実際に使われているディジタル変調の方式（2.4.3項，2.4.4項），無線 LAN のフレームの詳細（4.10.2項），TCP の輻輳制御の詳細（6.6.3項），HTTP のメッセージの詳細（7.5.2項）などが本書には含まれている。

　本書の執筆は 2023 年 2 月に完了したが，可能な限りこの時点の最新の技術動向を反映するようにした。情報通信の技術は日進月歩であり，ある時点で最新の技術であったものがその後廃れて使われなくなることは普通に起こる。しかし，基本的なところは変わらないのである。本書では基本を丁寧に説明しつつ最新の技術動向を紹介している。

　読者には情報関連の資格取得を目指す人も多いと思う。本書の各章末の演習問題には基本情報技術者試験，応用情報技術者試験，ネットワークスペシャリスト試験等の過去問題から多くを収録した。本書で学んだ内容がどのような設問として問われるかがわかるようになっている。各章の問および演習問題の解答例は巻末に示した。また，一部解答例の補足はコロナ社の本書紹介ページ†にアップした。

---

†　https://www.coronasha.co.jp/np/isbn/9784339029369/

　本書の構成は次のとおりである。第1章は序論であり，最低限知っておくべき知識を整理し情報通信ネットワークの概要を説明している。第2章はディジタル通信技術の解説である。高校数学で習う三角関数の基礎がわかっていれば理解できるはずである。第3章は通信プロトコルとはいったいどういうものであるかを説明する。第4章は私たちの最も身近にあるネットワーク（LAN）の解説である。第5章と第6章はプロトコルの中でも特に重要なTCP/IPの解説である。第5章のIPは基本的な内容が中心であるが，第6章のTCPではこの種の入門書としてはかなり詳しい内容まで紹介した。第7章はインターネットサービスとそのプロトコルの解説である。ユーザには直接見えないDHCPとDNSを最初に解説しているのは，この2つはインターネット通信を支える基本的なプロトコルだからである。第8章はブロードバンド通信と移動通信の解説である。普段何気なく使っているPCやスマートフォンの裏側でどんな技術が使われているかを理解していただきたい。第9章はセキュリティに関する解説である。心構えや人的対策などは省略して技術的な内容に特化して記述した。

　本書を大学や専門学校の半期の授業で使用する場合，第1章，第3章，第8章をそれぞれ1回，その他の章をそれぞれ2回の講義とすれば，全15回で完了することができる。もっともこれに従う必要はなく担当される先生の裁量で適宜変えていただいて差し支えない。

　本書では紙数の関係で割愛せざるを得なかった内容が多々あるが，読者は巻末の参考文献を参照し，さらに深い知識を身につけていただきたいと思う。

　最後に本書の内容について有益なご教示をいただいた北海道情報大学の中島潤教授，廣奥暢准教授に深く感謝いたします。また，出版に際してお世話になったコロナ社の諸氏に感謝いたします。

2023年6月

著　　　者

目　　　　次

第1章　序　　　論

第 2 章　ディジタル通信技術

第3章　通信プロトコル

第4章　LAN

第 5 章　IP とルーティング

第 6 章　TCP　と　UDP

第7章　インターネットサービスとプロトコル

第8章　ブロードバンド通信と移動通信

第9章　ネットワークセキュリティ

第 1 章

序　　　　論

本章では，まず情報通信ネットワークを学んでいくために最低限知っておかなければならない事項について説明する。次に情報通信ネットワークの役割と大まかな構成を示し，いくつかの視点から通信の形態を分類する。続いて情報通信ネットワークへの要求について述べ，最後にインターネットの歴史とインターネットおよび通信一般に関係する組織を紹介する。

1.1　基　礎　事　項

1.1.1　10進数，2進数および16進数

私たちは通常，10進数で表された数値を用いて生活している。一方，コンピュータやネットワークの内部では，情報は2進数で表現される。したがって，10進数と2進数の間の変換（**基数変換**）が必要となる。2進数は0と1の組合せで表現される。2進数ではある桁の数が2になると次の桁へ桁上がりが発生する。2進数の一桁を**ビット**（bit）と呼び，連続するビットの並びを**ビット列**という。長さ8のビット列を**バイト**（byte）と呼び，連続するバイトの並びを**バイト列**という。1バイトは，10進数として0（$=2^0-1$）から255（$=2^8-1$）までの値を表すことができる。

大きな数値を2進数で表すと桁数が非常に大きくなり扱いにくい。そこで，少ない桁数で数値を表現するために16進数も用いられる。16進数は0から9およびAからFの合計16個の文字を用いて表現される（アルファベットは小文字で表現されることもある）。また，16進数であることを明示する時は先頭

に0xの文字を付ける。16進数では，ある桁の数が16になると次の桁へ桁上がりが発生する。2進数の4桁が16進数の一桁に対応するため，両者の間の変換は容易である。**表1.1**に1バイトで表される数値を10進数，2進数，16進数で表現したものを示す。これら3通りの間で自在に変換できるようにしておくことは，今後の学習において重要である。

表1.1 1バイトで表される数値の表現

10進数	2進数	16進数	10進数	2進数	16進数
0	0000 0000	0x00	16	0001 0000	0x10
1	0000 0001	0x01	⋮	⋮	⋮
2	0000 0010	0x02	31	0001 1111	0x1F
3	0000 0011	0x03	32	0010 0000	0x20
4	0000 0100	0x04	⋮	⋮	⋮
5	0000 0101	0x05	63	0011 1111	0x3F
6	0000 0110	0x06	64	0100 0000	0x40
7	0000 0111	0x07	⋮	⋮	⋮
8	0000 1000	0x08	127	0111 1111	0x7F
9	0000 1001	0x09	128	1000 0000	0x80
10	0000 1010	0x0A	⋮	⋮	⋮
11	0000 1011	0x0B	254	1111 1110	0xFE
12	0000 1100	0x0C	255	1111 1111	0xFF
13	0000 1101	0x0D	(注) 2進数の中央にあるスペースは		
14	0000 1110	0x0E	見やすくするためであり，実際には		
15	0000 1111	0x0F	必要でない。		

1.1.2 基 数 変 換

ビットは情報量を表す基本単位である。1ビットは発生確率が1/2の事象が発生した時にもたらされる情報量を表す。また，バイトは情報通信において情報を表す基本単位である。コンピュータ内のメモリ（記憶装置）にはアドレス（番地）ごとに情報が格納されるが，通常はひとつのアドレスに1バイト（8ビット）の情報が格納される。また，ディジタル通信においてもバイトを最小単位として情報の転送が行われる。

ネットワークのアドレスやデータは通常はバイト単位で表される。したがって1バイト（10進数で0〜255の範囲）の数値を基数変換できれば本書を読む

には十分である。そのためにはまず1バイトの最上位桁のビット（Most Significant Bit：**MSB**）が10進数では128を表すこと，そこから桁が下がるたびに順次1/2倍されて64，32，16，8，4，2となり，最下位桁のビット（Least Significant Bit：**LSB**）が1を表すことを覚えておく。また，2進数の4桁のパタン（0000～1111）と16進数の一桁（0～9，A～F）の対応関係を覚えておく。

〔1〕 **2進数から10進数への変換**　　1の立っている桁に相当する10進数の数値を足し算する。たとえば「1101 0101（2進数）」であれば128＋64＋16＋4＋1＝「213（10進数）」となる。

〔2〕 **10進数から2進数への変換**　　与えられた10進数の数値から128，64，32，16，8，4，2，1を順次引き算することを考える。引き算してマイナスにならない時には2進数の桁に1を立て，実際に引き算をする。マイナスになる桁は引き算を行わずに0を立てる。たとえば「249（10進数）」であれば249－128＝121でMSBに1を立てる。次に121－64＝57で次の桁に1を立てる。57－32＝25で1を立てる。25－16＝9で1を立てる。9－8＝1で1を立てる。1から4を引くとマイナスになるから引き算を行わずに0を立てる。1から2を引くとマイナスになるから引き算を行わずに0を立てる。最後に1－1＝0でLSBに1を立てる。したがって結果は「1111 1001（2進数）」となる。

〔3〕 **16進数から2進数への変換**　　与えられた16進数2桁の上位の桁と下位の桁をそれぞれ2進数のパタンで表してつなげる。たとえば「0xCF」であれば上位桁は「1100（10進数の12に相当）」，下位桁は「1111（10進数の15に相当）」であるから「1100 1111（2進数）」となる。

〔4〕 **2進数から16進数への変換**　　与えられた2進数8ビットを上位の4ビットと下位の4ビットに分けてそれぞれを16進数に直してつなげる。たとえば「1010 0101」であれば上位の「1010（10進数で10に相当）」はA，下位の「0101（10進数で5に相当）」は5であるから「0xA5」となる。

【問 1.1】 10進数の200を2進数と16進数で表せ。また，2進数の1010 1011を10進数と16進数で表せ。

1.1.3 単位の接頭語

コンピュータやネットワークでは，非常に大きな数値から非常に小さな数値までが扱われる。これらを 10 進数でそのまま表現すると多くの桁が必要となり不便であるため，単位を表す時には先頭に文字（接頭語）を付けて 10 の n 乗（n は正または負の整数で 3 の倍数）が掛け算されることを表す。**表 1.2** によく使われる接頭語の読み方と意味を示す。これらを記憶しておくことは必要である。また，単位の接頭語を変換することも自在にできなければならない。1 000 倍の単位に変更する時は 1 000 分の一を掛け，逆に 1 000 分の一の単位に変更する時には 1 000 倍すればよい。たとえば，1 000 ビットは 1 キロビット，1 キロメートルは 1 000 メートルとなる。

表 1.2 単位の接頭語

接頭語（記号）	読み方	意　味
P	ペタ （peta）	10^{15}（1 000 兆）
T	テラ （tera）	10^{12}（1 兆）
G	ギガ （giga）	10^{9}（10 億）
M	メガ （mega）	10^{6}（100 万）
k	キロ （kilo）	10^{3}（1 000）
m	ミリ （milli）	10^{-3}（1 000 分の一）
μ	マイクロ （micro）	10^{-6}（100 万分の一）
n	ナノ （nano）	10^{-9}（10 億分の一）
p	ピコ （pico）	10^{-12}（1 兆分の一）
f	フェムト （femto）	10^{-15}（1 000 兆分の一）

1.1.4 単位に関する注意

ネットワークにおいて情報を伝える速度は**伝送速度**と呼ばれる。これは通常「毎秒何ビット送ることができるか」で表す。この単位の表し方はいろいろあり，ビット／秒，bit/s，b/s，bps（bit per second）などが用いられる。本書では **bps** を用いる。読み方は「ビーピーエス」または「ビットパーセコンド」である。毎秒 1 000 ビット送る伝送速度は，1 kbps（1 キロビーピーエス），毎秒 10 億ビット送る伝送速度は 1 Gbps（1 ギガビーピーエス）である。

　一方，コンピュータが扱う情報の大きさはバイト（B）単位で表される。ここで注意しなければならないことは，バイトの単位の接頭語として 10 のべき乗ではなく，2 のべき乗が用いられる場合のあることである。たとえば 1 kB（キロバイト）は 1 000 B（バイト）であるが，1 024（$=2^{10}$）バイト（すなわち 8 192 ビット）は 1 KiB（キビバイト）と呼ぶ。同様に 1 048 576（$=2^{20}$）バイトは 1 MiB（メビバイト），1 073 741 824（$=2^{30}$）バイトは 1 GiB（ギビバイト）と呼ぶ。1 KiB ＝ 1 024 B を除いてこれらの数値を覚える必要はないが，2 の指数が 10，20，30 のように 10 ずつ増えていくこと，その結果，順次 1 024 倍されていくことは記憶しておくとよい。2^{40} バイトは 1 TiB（テビバイト）である。

【問 1.2】 64 kbps は何 Mbps か。また，2 MB と 2 MiB はそれぞれ何ビットか。

1.2　情報通信ネットワーク

1.2.1　情報通信ネットワークの発展

　英語の telecommunication は普通，電気通信と訳される。接頭語の tele は「遠く」を意味するギリシア語からきており，telecommunication は距離というものを克服して情報を伝え合うことを意味している。距離の克服に電気の技術が使われるため，この訳語が充てられる。

　電気通信は電話のネットワークを中心に発達してきた。電気のケーブルを用いたアナログ通信に始まりディジタル化と高速化が進んだ結果，現在では音声だけではなく大量のディジタルデータも転送できる高度なネットワークが実現されている。また，近年の特徴としてはネットワークへの接続に無線通信を利用する比重が高まっていることが挙げられる。

　一方，ディジタルコンピュータは，発明当初の巨大な装置から小型・軽量化，高性能化が進み，現在では個人所有の PC や手のひらに乗るスマートフォン，IC カードにまで進化を遂げている。また，高度に発達した高性能・大型コンピュータもきわめて複雑な計算や大量の情報処理に用いられている。

　今日の情報通信ネットワークは，上に述べたネットワークとコンピュータが

融合してできあがったものである。すなわち，現代の情報通信ネットワークは，高度に発達した通信技術を利用するコンピュータネットワークと言ってよい。**ICT**（Information and Communications Technology）という言葉は文字どおり情報通信ネットワークを実現する技術を指している。

1.2.2　情報通信ネットワークの役割と構成

情報通信ネットワークの役割は，情報の集配ならびに情報の中継伝送である。また，ネットワーク内のコンピュータで情報の処理が行われることもある。情報の集配とはユーザの情報を集めたり配ったりすることである。情報の中継伝送とは集めた情報を束ねて遠くへ送ることである。情報の集配を行うネットワークを**アクセスネットワーク**（access network）と呼ぶ。ユーザはアクセスネットワークを通して情報を受け取り，かつ送り出す。一方，情報の中継伝送はアクセスネットワークの先につながる**コアネットワーク**（core network）で行われる。コアネットワークは一般には高速・大容量のネットワークである。情報通信ネットワークは**図 1.1** に示すように多くのアクセス

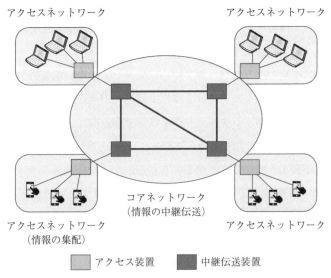

アクセスネットワーク　　　　　　　　　　　　アクセスネットワーク

コアネットワーク
（情報の中継伝送）

アクセスネットワーク　　　　　　　　　　　　アクセスネットワーク
（情報の集配）

アクセス装置　　　　中継伝送装置

図 1.1　情報通信ネットワークの構成

ネットワークとそれらを結ぶコアネットワークから構成されている。

　アクセスネットワークには，電気のケーブルや光ファイバを利用するもの，あるいは電波を利用するものなどさまざまな種類がある。これに対して，コアネットワークではおもに光ファイバを用いた高速・大容量通信が行われる。

1.3　通 信 の 形 態

　通信の形態はいくつかの視点から以下のように分類することができる。

1.3.1　伝送媒体による分類

　情報は電気または光の信号に変換されて送受信される。信号が流れる媒体を**伝送媒体**（transmission medium），信号が流れる物理的な経路を**伝送路**（transmission line）という。伝送媒体に電気のケーブルや光ファイバを用いる通信が**有線通信**（wired communication）であり，空間（電波）を用いる通信が**無線通信**（wireless communication）である。有線通信はケーブルや光ファイバの敷設が必要でそのためのコストや時間がかかるが，雑音の影響を受けにくいため高品質な通信を実現できる。また，盗聴が難しくセキュリティの確保が比較的容易である。さらに光ファイバを用いれば超高速の通信を実現できる。一方，無線通信はケーブル等の敷設が必要でないため，通信システムを早く展開することができる。また，ユーザが移動しながら通信することもできる。しかし，無線通信は盗聴されやすくセキュリティの確保が難しい。また，周囲環境の影響を受けやすく通信品質の確保が難しいという課題もある。

1.3.2　通信の方向による分類

　2つの端末間の通信は信号が流れる方向に着目すると**図1.2**に示すように**片方向通信**（simplex communication）と**双方向通信**（duplex communication）に分けることができる。ここで端末とはコンピュータまたは通信装置のことである。

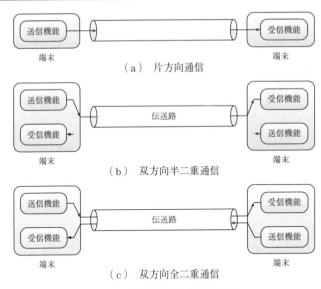

図1.2　片方向通信と双方向通信

　片方向通信では図1.2（a）のように一方の端末がつねに送信側となり，他方の端末がつねに受信側となる。双方向通信では両方の端末が送信側になり，かつ受信側にもなる。双方向通信はさらに**半二重通信**（half duplex communication）と**全二重通信**（full duplex communication）に分けられる。半二重通信（図1.2（b））では端末は送信中に受信できず，また受信中には送信できない。つまり信号は一度にひとつの方向にだけ流れる。これに対して全二重通信（図1.2（c））では送受信が同時に行われ，両方の端末は送信しつつ受信することができる。

　半二重通信はひとつの伝送路で実現できる。全二重通信は送受信を同時に行うため伝送路が2つ必要であると思われるが，必ずしもそうではない。2.5節で述べる周波数分割多重や波長分割多重などの技術を使えばひとつの伝送路で全二重通信が可能となる。

【問1.3】片方向通信，全二重通信，半二重通信の身近な例を挙げよ。

1.3.3　通信相手の数による分類

　図1.3に通信相手の数による3つの形態を示す。2つの端末間で通信を行う形態を**1対1通信**という（図1.3（a））。電話は1対1通信である。ひとつの端末が複数（N個）の端末と通信を行う場合は**1対N通信**という（図1.3（b））。また，複数の端末どうしで通信を行う場合は**N対N通信**という（図1.3（c））。テレビ（TV）放送は1対N通信であり，多地点TV会議はN対N通信である。

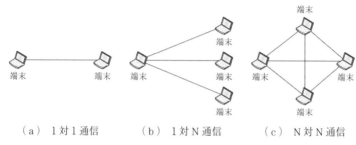

（a）　1対1通信　　　　（b）　1対N通信　　　　（c）　N対N通信

図1.3　通信相手の数による分類

　なお，単一の端末に送信することを**ユニキャスト**（unicast），あるネットワーク内のすべての端末に送信することを**ブロードキャスト**（broadcast），特定の複数の端末に送信することを**マルチキャスト**（multicast）という。キャスト（cast）とは「投げる」という意味で送信することを表している。**図1.4**（a）～（c）にそれぞれの送信方法を示す。1対1通信ではユニキャストが行わ

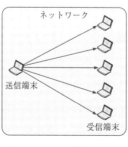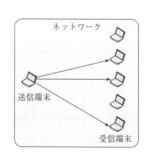

（a）　ユニキャスト　　　　（b）　ブロードキャスト　　　　（c）　マルチキャスト

図1.4　3種類の送信方法

れ，1対N通信およびN対N通信ではブロードキャストあるいはマルチキャストが行われる。

1.3.4 ネットワークのトポロジーによる分類

ネットワークのトポロジー（topology）とは機器どうしの接続の形態（つながり方の有り様）を指す。**図1.5**に3種類のトポロジーを示す。**バス型**（図1.5（a））は複数の機器がひとつの伝送媒体を共有する形態である。伝送媒体どうしを接続する装置があってもよい。**リング型**（図1.5（b））は機器どうしが輪の形に接続される形態である。**スター型**（図1.5（c））は中央に集線装置があり，それぞれの機器が集線装置を介して接続される形態である。図1.5では端末どうしを接続する様子を示しているが，端末は他の通信装置に置き換えて考えてもよい。たとえば，コアネットワークでは大規模な光伝送装置がリング型のネットワークを構成することがある。

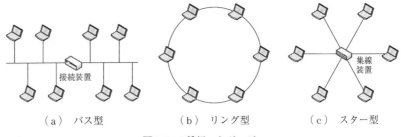

　　（a） バス型　　　　　（b） リング型　　　　（c） スター型

図1.5　3種類のトポロジー

1.4　情報通信ネットワークへの要求

情報通信ネットワークに対しては，**図1.6**に示すように**セキュリティ**（security），**信頼性**（reliability），**性能**（performance）の3つの要求がある。セキュリティは大切な情報を守るということであり，第9章で詳しく扱う。信頼性は情報の受け渡しが確実に行えるということであり，おもに第6章がこの問題を扱う。性能はネットワークの速度，遅延，損失などが一定の要求を満たすということ

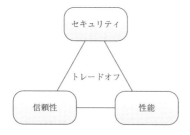

図 1.6　情報通信ネットワークへの
　　　　3つの要求

である。この3つはどれも重要であるが，優先度をつけるとすればセキュリ
ティが最も高く，次に信頼性，その次に性能となる。また，この3つは互いに
トレードオフ（trade-off）の関係になることがある。すなわち，ひとつに比重
を置きすぎると他が損なわれる可能性がある。たとえば，性能を上げるために
信号処理を簡略化しすぎるとセキュリティの脆弱化や信頼性の低下を招くこ
とがある。逆にセキュリティや信頼性確保のための信号処理が性能を犠牲にす
るということもある。なお，ネットワークの**低コスト化**（設備費や維持費の削
減）の要求は上記3つのいずれともトレードオフの関係になっている。

【問 1.4】信頼性とセキュリティ，信頼性と性能がトレードオフとなる具体的な例を
　　　　挙げよ。

1.5　インターネット

1.5.1　インターネットの歴史

　コンピュータ通信の本格的な研究は，1958年に米国国防総省のもとに設置
された **ARPA**（Advanced Research Project Agency，高等研究計画局）の管理
下で始められた。そこで作られた実験用のネットワークが **ARPANET**（ARPA
Network）である。ARPANET は当初4つの大学・研究機関のコンピュータを
通信回線で結ぶネットワークであったが，その後参加する大学・研究機関が急
速に増えていった。一方，全米科学財団（National Science Foundation：**NSF**）
も研究者がスーパーコンピュータにアクセスできるようにコンピュータネット
ワークの開発を進めた。それは **NSFNET**（NSF Network）というネットワーク

として実現され，1980年代後半から本格的な運用が始まった。その後NSFNET
はARPANETをも引き継ぎ，現在のインターネットのもとになるコンピュータ
ネットワークとなった。NSFNETを基幹とするネットワークは当初，科学技術
分野の研究者だけが利用する非営利目的のネットワークであったが，その後営
利団体が参入（接続）を始めた。1990年代半ばには非営利目的の制限が撤廃さ
れて，多くの企業や一般の人々も利用できるようになった。それを契機として
このネットワークは急速に拡大し，世界規模のコンピュータネットワーク，す
なわち今日のインターネットとなったのである。

　現在，私たちがインターネットと呼ぶものは正式には英語で the Internet と
表記される。定冠詞と語頭の大文字で固有名詞であることを表すが，最近は単
に internet と表記され普通名詞扱いされることも多くなった。インターネット
が人々の生活に溶け込み，それが当たり前の世の中になったことを表している。

1.5.2　インターネットおよび通信一般に関係する組織

〔1〕　**ICANN**　　インターネットは世界中のさまざまなネットワークが結
合した「ネットワークのネットワーク」である[25]†。各ネットワークはそれぞ
れ独自の方針のもとに管理・運営されており，外部から干渉されることはな
い。したがってインターネット全体を管理・運営する組織というものは存在し
ないのである。

　しかし，世界中のコンピュータが通信を行うためには，ネットワークやコン
ピュータを一意に識別する名前あるいは番号が必要である。名前や番号は重複
してはいけない。これは電話機にひとつの電話番号があることと同じである。
この名前や番号を世界規模で調整する組織として民間の非営利法人 **ICANN**
（Internet Corporation for Assigned Names and Numbers, アイキャン）がある。
ICANN の傘下には5つの地域インターネットレジストリ（Regional Internet
Registry：**RIR**）があり，地域内の名前と番号の管理を行っている。アジア太
平洋地域を受け持つ組織は **APNIC**（Asia Pacific Network Information Center）

---

†　肩付き数字は巻末の参考文献番号を示す。

である。さらに地域レジストリの傘下には国別または地域別の管理組織（National Internet Registry：**NIR**）が存在する。日本には**JPNIC**（Japan Network Information Center）がある。これらの組織の役割は名前や番号を管理・配布するだけであり，個別のネットワークの管理・運営に関わることはない。日本のインターネット接続事業者（Internet Service Provider：**ISP**）はJPNICから番号の配布を受ける。

〔2〕　**IETF**　　**IETF**（Internet Engineering Task Force）はインターネットの技術仕様を作成・標準化する組織である。IETFには個人単位で自由に参加することができ，おもに電子メールによって技術仕様の提案や意見交換を行う。まとまった仕様は**RFC**（Request For Comments）と呼ばれる文書として公開され，だれでも閲覧することができる。RFCはインターネット技術仕様の唯一の原典である。RFCには通し番号が付けられており，本書執筆時点（2022年）で9 300を超えるRFCが公開されている。ただし，改版されたRFCには新しい番号が付与されて旧い RFCは廃止（obsolete）されるため，実質的にはこの数字よりも少ない。特に重要なRFCを**表1.3**に示す。これらの概要は第3章，第5章，第6章で述べる。

表1.3　特に重要なRFC

RFC	タイトル	内　容
RFC 791	INTERNET PROTOCOL	IPv4 の基本仕様
RFC 792	INTERNET CONTROL MESSAGE PROTOCOL	ICMPv4 の基本仕様
RFC 9293*	Transmission Control Protocol（TCP）	TCP の基本仕様
RFC 768	User Datagram Protocol	UDP の基本仕様
RFC 8200	Internet Protocol, Version 6（IPv6）Specification	IPv6 の基本仕様
RFC 4443	Internet Control Message Protocol（ICMPv6）for the Internet Protocol Version 6（IPv6）Specification	ICMPv6 の基本仕様

*　TCP の基本仕様は長く RFC 793 であったが，2022 年 8 月に RFC 9293 に置き換えられた。

〔3〕　**IEEE**　　**IEEE**（Institute of Electrical and Electronics Engineers，アイ・トリプル・イー）は米国に本部を置く電気・電子・情報工学分野の国際学会であるが，標準化活動も行っている。第4章で述べるLAN（Local Area

Network）で用いられる技術が IEEE によって標準化されている。IEEE は通信機器を物理的に識別する番号（MAC アドレス）の管理も行っている。

〔**4**〕 **ITU-T**   ITU（International Telecommunication Union）は国際連合の下部組織であり，通信技術の標準化，電波の国際的な分配および混信防止のための調整，途上国への技術協力を行っている。ITU には電気通信標準化部門（ITU-T），無線通信部門（ITU-R），電気通信開発部門（ITU-D）がある。このうち **ITU-T** は電気通信技術，運用および料金について研究し，電気通信を世界規模で標準化する勧告を作成している。たとえば，日本，ヨーロッパ，北米で異なっていた伝送路の多重化規則は 1988 年に ITU-T によって統一された。この規格を **SDH**（Synchronous Digital Hierarchy），またはもとになった米国の規格 SONET（Synchronous Optical Network）を付して **SDH／SONET**（あるいは **SONET／SDH**）という。コアネットワークにおいて光ファイバを用いる大容量の情報伝送には SDH の規格が用いられている。また，第 9 章で述べる電子証明書の規格は ITU-T によって標準化された（X.509）。ITU-T はインターネットの技術仕様には直接関与しないが，通信技術一般の世界標準化には大きく貢献している。

演 習 問 題

【1.1】 以下の基数変換をせよ。
（1） 10 進数の 240 を 2 進数および 16 進数で表せ。
（2） 2 進数の 1010 1101 を 16 進数および 10 進数で表せ。
（3） 0x0db8 を 2 進数 16 桁で表せ。
【1.2】 64 kbps の速度で 2 MB の情報を伝送する時，必要となる時間を求めよ。
【1.3】 セキュリティ，信頼性，性能の中でセキュリティが最も重要である理由を述べよ。
【1.4】 IETF の Web サイトですべての RFC が閲覧できることを確認せよ。

第2章

ディジタル通信技術

本章では，情報通信ネットワークを支えるディジタル通信技術について解説する。まず，アナログ信号とディジタル信号それぞれの定義と特徴について述べ，アナログ信号をディジタル信号に変換する方法を説明する。続いて2つの伝送方法（ベースバンド伝送とブロードバンド伝送）について説明し，ディジタル変調と多重化の技術を解説する。最後にネットワークにおける2つの交換方式（回線交換とパケット交換）の特徴を述べる。

2.1 アナログとディジタル

2.1.1 アナログとディジタルの定義

アナログ（analog）という言葉は類似物という意味を持つが，連続的に変化する現象一般を指すときに用いられる。一方，**ディジタル**（digital）という言葉は桁を意味する digit からきているが，離散的かつ数値的なものを指す。たとえば，0と1だけで表現された情報はディジタル情報である。

自然界に存在する現象，たとえば音声や光（映像）は本来アナログ的なものであるが，これを同じように連続的に変化する電気信号（**アナログ信号**）に変換して伝える通信がアナログ通信である。これに対して，アナログ的な現象を0と1のような数値（**ディジタル信号**）に変換して伝える通信をディジタル通信と呼ぶ。インターネットなどのコンピュータネットワークではディジタル通信が用いられる。

現代はディジタル時代であり2021年には我が国にデジタル庁†も設置され
たが，実は依然としてアナログ信号も非常に重要なのである。たとえば，無線
通信においてディジタル信号は電波として空間に送り出されるが，電波はアナ
ログ的な現象である。したがって，ディジタル信号は正弦波のようなアナログ
信号を利用して伝送されなければならない。その際に行われる処理がディジタ
ル変調である。つまり送信側で「アナログ信号（音声や光（映像））→ディジ
タル信号→アナログ信号」という変換処理が行われているわけである。ここで
第1の矢印はアナログ/ディジタル変換（A/D変換），第2の矢印はディジタ
ル変調を意味する。受信側ではこれとまったく逆の処理，すなわち「アナログ
信号→ディジタル信号→アナログ信号（音声や光（映像））」という変換処理が
行われる。ここで第1の矢印はディジタル復調，第2の矢印はディジタル/ア
ナログ変換（D/A変換）である。2.2節および2.4節でA/D変換やディジタ
ル変調については詳しく述べるが，上に述べた信号と処理の関係を理解してお
くことは重要である。

2.1.2　ディジタル信号の特徴

ディジタル信号の長所は伝送の途中で信号の劣化が発生しても，それを修復
しやすいということである。信号の劣化には減衰，ひずみ，雑音の混入があ
る。**減衰**（attenuation）とは信号の強度が弱くなることである。電気信号であ
れば電圧や電界強度が低下し，光信号であれば光のパワー（電力）が減少す
る。**ひずみ**（distortion）とは信号の形がゆがむことである。たとえば四角い波
形の角が取れて丸く変形する現象はひずみである。**雑音**（noise）は本来の信号
とは無関係な別の信号であり，これが混入すると信号の形が変わってしまう。

アナログ信号に劣化が起こると元の信号を正確に再現することは難しくな
る。受信側で減衰した信号を増幅して再生しようとしてもひずみや雑音も含め

---

† digitalの日本語表記は「ディジタル」が原音に近い。デジタルビジネスやデジタル庁
などのように最近は「デジタル」が普通に用いられているが，本書では「ディジタル」
と表記する。

て増幅されてしまうからである。アナログ信号のひずみや雑音の除去は一般に
かなり難しい。

これに対してディジタル信号においては，ある一定の閾値（判定レベル）
を設定し，それよりも大きいか小さいかで信号を正しく判定し修復することが
できる。**図2.1**にディジタル信号の劣化とその修復の様子を示す。

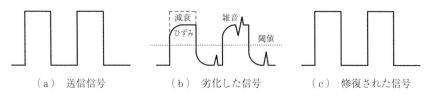

（ａ）　送信信号　　　　　（ｂ）　劣化した信号　　　　（ｃ）　修復された信号

図2.1　ディジタル信号の劣化と修復

信号自体の劣化とは異なるが，信号が宛先に遅れて届く**遅延**（delay）という
現象がある。遅延は端末，中継装置，伝送路のいずれにおいても発生する。遅
延を発生させる要因は信号の処理時間，伝送時間，待ち時間，伝搬時間である。
それぞれによる遅延を処理遅延，伝送遅延，待ち行列遅延，伝搬遅延という。

処理時間（processing time）は端末や中継装置で信号処理に必要となる時間
である。処理時間は通常は非常に短く問題となることはあまりない。

伝送時間（transmission time）は情報を伝送路に送り出すために必要な時間
である。たとえば1Gビットの情報は1Gbpsの伝送路を使えば1秒で送り出せ
るが，100kbpsの伝送路では10^4秒（約2時間47分）かかる。また，信号は
すぐに送信できるとは限らない。他の信号の伝送のために伝送路が塞がってい
る，ネットワークが混雑していてすぐには送り出せない，中継装置に多くの信
号が集中して届きすぐに転送できない等の理由で待たされることがある。これ
が**待ち時間**（queuing time）である。

伝搬時間（propagation time）は信号が伝送路を物理的に伝わるための時間
である。電波は空間を秒速約30万kmの速度で伝わるが，電気や光の信号が
ケーブルや光ファイバを伝わる速度はこれよりも少し遅く秒速約20万kmで
ある。伝搬時間は物理的制約によるものであるから技術的な工夫で短くするこ

とはできない。地上における通信では伝搬時間が問題になることはあまりない
が，人工衛星を利用した通信などでは問題になることがある。たとえば地上
36 000 km の静止衛星を利用して通信を行う場合，信号が宛先に届くまでに
0.24 秒以上を要する。往復では約 0.5 秒以上となり，リアルタイム通信では
支障をきたす場合がある。インターネットで問題となる遅延はおもに伝送遅延
と待ち行列遅延である。

【問 2.1】 静止衛星を利用する通信の遅延が上記の値となることを確認せよ。

2.2　情報のディジタル化

　アナログ信号をディジタル信号に変換することを **A/D 変換** と呼び，その逆
の変換を **D/A 変換** と呼ぶ。A/D 変換では，① 標本化，② 量子化，③ 符号化
の 3 つの処理を順に行う必要がある。それぞれの内容を以下に示す。

2.2.1　標　　本　　化

　標本化 はサンプリング（sampling）とも呼ばれ，アナログ信号の瞬間の値
（標本値）をある時間間隔で採取することである。通常は一定の時間間隔が用
いられ，これを **標本化周期** という。標本化周期の逆数を **標本化周波数**（sampling
frequency）という。標本化周波数は 1 秒間に標本値を採取する回数であり，
これが大きいほどアナログ信号を詳しく調べることになるが信号処理の負荷が
増える。しかし，ここに **標本化定理**（sampling theorem）という興味深い定理
があり，標本化周波数の下限（どこまで下げられるか）を与えてくれる。標本
化定理によれば，標本化周波数は，元のアナログ信号が含む最高周波数（2.4.1
項参照）の少なくとも 2 倍にすればよいのである。そうすれば，受信側で元の
アナログ信号を完全な形で再現できることが数学的に証明されている。アナロ
グ信号とその標本化の例を **図 2.2**（a），（b）に示す。

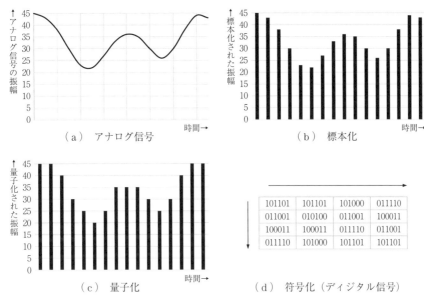

図2.2　アナログ信号のディジタル化

2.2.2　量　　子　　化

　標本化された値は，連続する量からある瞬間の値を切り取ったものであるか
ら端数が含まれている。ディジタル信号に変換するためには，その端数を取り
除いて整数にする必要がある。この処理を**量子化**（quantization）という。量
子化では，四捨五入，切り捨て，切り上げなどが行われるが，これは元の情報
を近似値で表すことに相当し正確さが失われる。これを外部から入ってくる雑
音に見立てて**量子化雑音**（quantization noise）と呼ぶ。図2.2（ b ）を量子化
した例を同図（ c ）に示す。

2.2.3　符　　号　　化

　量子化で切りのよい値となった信号を数値で表現することが**符号化**（coding）
である。普通はまず2進数を用いて0と1で表現する。ただし，元の値を単に
2進数に変換するばかりではなく，いろいろな符号化の方法（規則）が存在

し，その中から適切な符号化則が適用される。符号化には情報源符号化，通信路符号化，伝送符号化の3つの段階がある。**情報源符号化**（source coding）は情報に含まれる冗長性（無駄や繰り返し）を取り除き，伝送効率を高めるために行われる。これに対して，**通信路符号化**（channel coding）は逆に冗長性を付け加える処理である。ただし，そこで付け加えられる冗長な情報とは受信側で信号の誤りを検出・訂正するために使われる有用な情報である。**伝送符号化**（line coding）は伝送路に適した符号に変換することであり，次節で述べるベースバンド伝送で行われる。図2.2（c）の値を単純な2進数で符号化したものを同図（d）に示す。標本化，量子化，符号化によってアナログ信号をディジタルの符号に変換することを**パルス符号変調**（Pulse Code Modulation：**PCM**）と呼ぶ。

　符号化された情報は受信側に向けて送信される。受信側は受け取った符号を復号（decoding）して標本値を再生し，それらをつないで元のアナログ信号を復元する。A/D変換とD/A変換を行うハードウェアまたはソフトウェアは一般に**コーデック**（codec）と呼ばれる。codecとはcorder（符号化器）とdecoder（復号器）を組み合わせた造語である。

　従来の固定電話の音声信号は8 kHz[†]の周波数（125 μs周期）で標本化され，ひとつの標本値は8ビットで表現される。したがって伝送速度は64 kbpsとなる。

2.3　ベースバンド伝送とブロードバンド伝送

2.3.1　ベースバンド伝送

　ディジタル化された情報（ビット列）は宛先に向けて伝送路に送り出される。0と1の情報をそのまま電圧や光のレベルの高／低に変換して伝送することを**ベースバンド伝送**（baseband transmission）と呼ぶ。たとえば1を高レベル，0を低レベルで表現して伝送する。電気信号の伝送には電圧の高／低，光信号の伝送には光の発光／非発光を用いる。ベースバンド伝送は有線LANや

---

　†　単位のHz（ヘルツ）については2.4.1項を参照。

光通信などで用いられている。ベースバンド伝送を行う際には，ディジタル情報は伝送路に適した符号に変換される（伝送符号化）。**図2.3**に伝送符号化の例を示す。

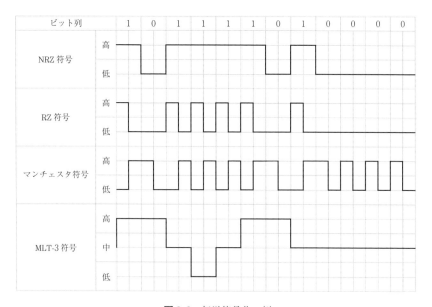

図2.3 伝送符号化の例

NRZ（Non Return to Zero）符号は0と1をそのままレベルの低と高で表す。光通信ではNRZが用いられる。RZ（Return to Zero）符号では0はレベルの低で表し，1は高→低の変化で表す。マンチェスタ符号（Manchester coding）は0をレベルの高→低，1を低→高の変化で表す。MLT-3（Multi Level Transmission-3）符号では信号レベルを低，中，高の3段階とする。0はレベルの変化無し，1は現れるたびにレベルを高→中，中→低，低→中，中→高のように変化させて表す。

　ベースバンド伝送では0と1に対応する電圧や光のレベルがなるべく同じ割合で現れることが望ましい。0または1が連続することを**同符号連続**という。同符号連続が長く続くと受信側で同期（タイミング）が取れなくなるとともに，信号強度の平均的なレベルが変動して受信信号を正確に判定できなくな

る。そこで同符号連続が発生しないように別のビット列に変換することが行われる。たとえば**スクランブル**（scramble）といってビット列を一定の規則でランダム化し0と1がほぼ均等に発生するように変換する方法がある。**表2.1**に示す4B/5B符号では長さ4のビット列を長さ5のビット列に変換して0の連続を抑えている。有線LANで用いられるEthernet（イーサネット）の100BASE-TX（伝送速度100 Mbps）では，ビット列を4B/5B符号に変換した上でさらにMLT-3符号を使って伝送している。ケーブル内に4組ある撚り対線のうち，2組を使って送信と受信（それぞれ片方向通信）が行われる（残りの2組は空き）。

表2.1　4B/5B符号

4B	5B	4B	5B
0000	11110	1000	10010
0001	01001	1001	10011
0010	10100	1010	10110
0011	10101	1011	10111
0100	01010	1100	11010
0101	01011	1101	11011
0110	01110	1110	11100
0111	01111	1111	11101

　現在主流であるEthernetの1000BASE-T（伝送速度1 Gbps）では，スクランブルを行った後に8B1Q4（8ビットを5値データ4組からなるひとつのシンボルに変換）という伝送符号化則が適用される。また，ケーブル内の4組の撚り対線すべてで双方向全二重通信を行い，さらに誤り訂正を行うことで伝送速度1 Gbpsを実現している。

【問2.2】 100 Mbpsの速度で情報を送る時，4B/5B符号を用いるとすれば伝送符号の速度はいくらにしなければならないか。

2.3.2　ブロードバンド伝送

ベースバンド伝送とは異なり，あらかじめ規則正しい信号を流しておき，そ

れに変化を与えることによって情報を伝えることもできる。これを**ブロードバンド伝送**（broadband transmission）または**キャリア伝送**（carrier transmission）という。**キャリア**（carrier）とはあらかじめ流しておく規則正しい信号のことであり**搬送波**とも呼ばれる。キャリアには通常，正弦波が用いられる。キャリアに変化を与えることを**変調**（modulation）と呼ぶ。変調の技術については2.4節で詳しく説明する。ブロードバンド伝送を用いると信号をより遠くに送ることができ，また，異なる信号を多重化して送ることもできる。ブロードバンド伝送は無線 LAN や携帯端末の通信に用いられている。

2.4　変　調　技　術

2.4.1　正　　弦　　波

　正弦波（sine wave）は通信において最も基本的で重要な波形である。前節で述べたブロードバンド伝送にはおもに正弦波が用いられる。正弦波は時間 t の関数であり，式で表すと

$$s(t) = A\sin(\omega t + \varphi) \tag{2.1}$$

となる。式 (2.1) において A を**振幅**（amplitude），ω（オメガ）を**角周波数**（angular frequency），φ（ファイ）を**位相**（phase）という。ωt および φ は通常，弧度法（単位はラジアン（radian））で表される。正弦波は円運動と対応付けることができ，A はその円の半径を表す。また，角周波数 ω は「1秒間に何ラジアン回転するか」を表す量であり，T 秒かかって1回転（2π ラジアン）するとすれば

$$\omega T = 2\pi \tag{2.2}$$

であるから，角周波数は

$$\omega = \frac{2\pi}{T} \tag{2.3}$$

と表せる。ここで，T を**周期**（period）と呼ぶ。**図 2.4** の（a）と（b）に正弦波の波形と対応する円運動を示す。実線の正弦波の位相は 0，破線の正弦波の

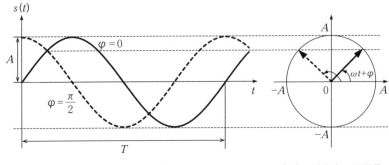

（a）正弦波の波形　　　　　（b）対応する円運動

図 2.4　正弦波の波形と対応する円運動

位相は $\pi/2$ である。

　周期の逆数 $1/T$ を**周波数**（frequency）と呼び，f で表す。式（2.3）より

$$\omega = 2\pi f \tag{2.4}$$

の関係となることがわかる。したがって，式（2.1）は

$$s(t) = A\sin(2\pi ft + \varphi) \tag{2.5}$$

とも表されるのである。周波数は「1秒間に何回繰り返されるか」を表す量であり，円運動としては「1秒間に何回転するか」を意味している。周波数の単位は **Hz**（**ヘルツ**）である。

2.4.2　正弦波による信号波形の合成と分解

　正弦波は最も単純で規則的な波形であるが，どんなに複雑な信号波形も正弦波を用いて合成することができる[15]。また，逆にどんなに複雑な信号波形も複数の正弦波に分解することができる。周期的な波形は数学の**フーリエ級数**（Fourier series）を用いて正弦波の和に展開することができる。たとえば周期 2π で繰り返す矩形波（四角い波形）

$$s(t) = \begin{cases} -1 & (-\pi \leq t < 0) \\ 1 & (0 \leq t < \pi) \end{cases} \tag{2.6}$$

は以下のように正弦波の和として表すことができる。

$$s(t) = \frac{4\sin t}{\pi} + \frac{4\sin 3t}{3\pi} + \frac{4\sin 5t}{5\pi} + \frac{4\sin 7t}{7\pi} + \cdots + \frac{4\sin(2n+1)t}{(2n+1)\pi} + \cdots$$

$$(2.7)$$

式 (2.7) は式 (2.6) をフーリエ級数に展開することで得られるが，その詳細は省略する。式 (2.7) 右辺の各項を**周波数成分**といい，第 1 項を**基本波**，第 2 項以降を**高調波**と呼ぶ。基本波の n 倍の周波数を持つ高調波を**第 n 高調波**という。上の例では基本波の奇数倍の周波数だけが現れている。高調波が多く加わるほど元の矩形波に近づいていく様子を**図 2.5** に示す。理想的な矩形波は式 (2.7) のように無限個の高調波成分，すなわち無限大の周波数を含んでいる。一般の信号波形も矩形波の例と同じように高調波を持つが，無限大の周波数を含むことはなく，周波数の最大値と最小値を持っている。それぞれを**最高周波**

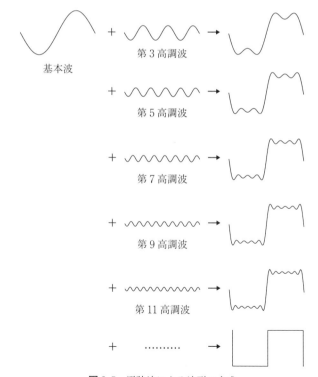

図 2.5 正弦波による波形の合成

数，**最低周波数**と呼ぶ。最高と最低の間に挟まれた周波数の範囲を**周波数帯域**あるいは単に**帯域**（band）と呼ぶ。また，最高周波数と最低周波数の差を**帯域幅**（bandwidth）という。

一般的な（周期的でない）信号波形も時間 t の関数で表されるが，**フーリエ変換**（Fourier transform）という数学の操作を用いると周波数 f の関数に変換することができる。すなわち，その信号にどのような周波数成分が含まれていて，それぞれがどれだけ波形に寄与しているかを明らかにすることができる。周波数 f の関数を時間 t の元の関数に変換するには**逆フーリエ変換**（inverse Fourier transform）を用いる。このようにある信号波形は時間的な変化として捉えることもできるし，周波数成分の集まりとして捉えることもできるのである。この2つは現象（波形）の捉え方（見方）が異なるだけであって，同じ現象を捉えている（見ている）点では違いがない。時間的な変化で捉えることを「時間軸上で見る」，周波数成分の集まりとして捉えることを「周波数軸上で見る」ともいう。

2.4.3 アナログ変調とディジタル変調

式 (2.5) のような規則的な正弦波を変調することによって，情報を表現することができる。アナログ信号によって変調することを**アナログ変調**（analog modulation），ディジタル信号によって変調することを**ディジタル変調**（digital modulation）という。

正弦波は，振幅 A，周波数 f，位相 φ の3つのパラメータを持っており，それぞれを信号によって変化させることが可能である。アナログ変調には**振幅変調**（Amplitude Modulation：**AM**），**周波数変調**（Frequency Modulation：**FM**），**位相変調**（Phase Modulation：**PM**）がある。これに対して，ディジタル変調はそれぞれ**振幅偏移変調**（Amplitude Shift Keying：**ASK**），**周波数偏移変調**（Frequency Shift Keying：**FSK**），**位相偏移変調**（Phase Shift Keying：**PSK**）と呼ばれる。3種類のディジタル変調方式のうちでは ASK と PSK がよく使われ，この2つは組み合わせても用いられる。**図 2.6** にアナログ変調，**図 2.7** に

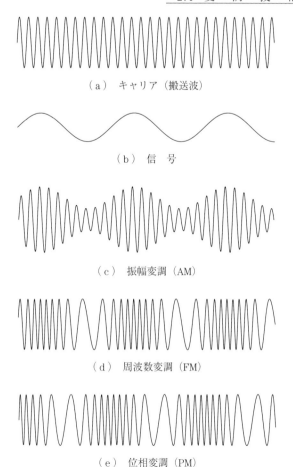

（a）　キャリア（搬送波）

（b）　信　号

（c）　振幅変調（AM）

（d）　周波数変調（FM）

（e）　位相変調（PM）

図2.6　アナログ変調

ディジタル変調の例を示す。

　図2.6においては，AM，FM，PM いずれの場合もキャリアの波形がアナロ
グ信号によって連続的に（アナログ的に）変化している様子がわかるであろう。

　図2.7において，ASK は信号が1の時は搬送波の振幅をそのままとし，0の
時は搬送波の振幅を非常に小さくしている。FSK では信号が1の時は搬送波
の周波数をそのままとし，0の時は搬送波の周波数を1/2にしてゆっくり変化
させている。PSK では信号が1の時は搬送波の位相をそのままとし，0の時は

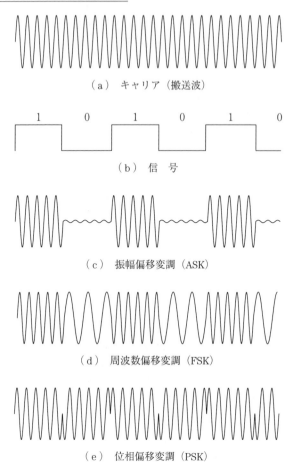

（a）　キャリア（搬送波）

（b）　信　号

（c）　振幅偏移変調（ASK）

（d）　周波数偏移変調（FSK）

（e）　位相偏移変調（PSK）

図 2.7　ディジタル変調

搬送波の位相と π（180°）だけ異なる位相としている。いずれも 0 と 1 の情報
に対して 2 つの異なる波形を対応させている。このような変調を **2 値変調**
（binary modulation）という。PSK を用いる 2 値変調を **BPSK**（Binary PSK）
という。**図 2.8**（a）に BPSK の信号点の配置を示す。BPSK では受信側と送信
側が基準となる搬送波を共有し，それからの位相のずれによって 1 または 0 の
情報を表し，かつ判定を行う。そのためには送信側と受信側で基準となる（変
調前の）搬送波を共有していなければならない。これに対して位相そのものを

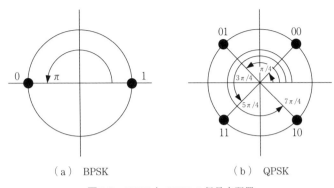

（a）BPSK　　　　　　　（b）QPSK

図 2.8　BPSK と QPSK の信号点配置

使うのではなく，位相の変化によって 1 または 0 の情報を伝える方法もあり，それを **DBPSK**（Differential BPSK）という。たとえば，1 を送る時は搬送波の位相を反転させ，0 を送る時は位相をそのままにするのである。DBPSK では送信側と受信側で基準となる搬送波を共有する必要がなくなる。

　ディジタル変調の方法は 2 値変調ばかりではない。複数ビットの情報に異なる複数の波形を対応させることができる。これを**多値変調**（M-ary modulation）という[16]。たとえば，PSK においては 00，01，11，10 に $\pi/4$，$3\pi/4$，$5\pi/4$，$7\pi/4$ の位相を対応させて 1 回の送信で 2 ビットを一挙に送るのである。このような PSK を **QPSK**（Quadrature PSK）という。図 2.8（b）に QPSK の信号点の配置を示す。また，位相の差分で情報を表す QPSK を **DQPSK**（Differential QPSK）という。

　一方，ASK においては**図 2.9** に示すように 00，01，10，11 にそれぞれ異なる振幅の波形を割り当てることができる。振幅のレベルを 4 段階用意して 1 回の送信で 2 ビットの情報を一挙に送るのである。

　さらに 4 つの振幅レベルと 4 つの位相を組み合わせると一度に 4 ビットの情報を送ることができる。このように ASK と PSK を組み合わせて変調する方式を一般に **APSK**（Amplitude Phase Shift Keying）と呼ぶ。

　APSK の一種である **QAM**（Quadrature Amplitude Modulation）では，まず

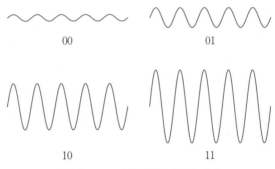

図2.9　ASKの多値変調（2ビット）

ディジタル情報のビット列を**図2.10**のようにx-y平面上の格子点（信号点）に対応させる。原点から各点までを結ぶ矢印（ベクトル）を考えると，それぞれは固有の大きさ（長さ）と角度（x軸の正の方向となす角）を持っている。信号点に対応するベクトルの大きさでASKを行い，ベクトルの角度でPSKを行う。たとえば，図のように平面上に16個の点を用意し，そのひとつを選んで搬送波を変調することで4ビットの情報を一度に送ることができる（**16-QAM**）。平面上の信号点の数を増やせばそれだけ一度に送ることのできる情報

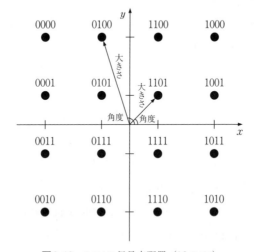

図2.10　QAMの信号点配置（16-QAM）

量が増える。4.10 節で述べる無線 LAN の変調では 16-QAM に加えて **64-QAM**，**256-QAM**，**1024-QAM** が用いられている。64-QAM, 256-QAM, 1024-QAM ではそれぞれ一度に 6 ビット，8 ビット，10 ビットの情報を送ることができる（$64 = 2^6$, $256 = 2^8$, $1\,024 = 2^{10}$）。

2.4.4　OFDM

OFDM（Orthogonal Frequency Division Multiplexing，直交周波数分割多重）はディジタル変調の一種であり，携帯端末や無線 LAN などで広く用いられている。

OFDM ではひとつの信号の伝送に複数の搬送波（正弦波）を用いる。これらを**サブキャリア**（subcarrier）と呼ぶ。周波数が基準周波数の整数倍の関係にあるサブキャリアどうしは互いに直交しているという。直交しているサブキャリアは足し合わせても元の信号に分離することができる。そのため，**図2.11** のようにある帯域内に多くのサブキャリアを連続的に配置することが可能となり帯域の利用効率が高まる[16]。また，多くのサブキャリアを用いることによって一度に大量の情報を送ることが可能となる。

PSK や QAM で変調されるそれぞれのサブキャリアの情報（振幅と位相）を時間軸上の標本値に変換し，それらを結んで得られる波形が OFDM の波形

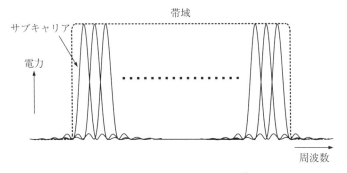

図 2.11　OFDM のサブキャリア[16]

である。個々のサブキャリアの振幅と位相を決定することを **1 次変調** と呼び，1 次変調されたサブキャリアの情報をまとめてひとつの信号にすることを **2 次変調** と呼ぶ。PSK や QAM が 1 次変調であり OFDM が 2 次変調に相当する。サブキャリアの情報を時間軸上の標本値に変換するためには **逆離散フーリエ変換**（Inverse Discrete Fourier Transform：IDFT）という数学の操作が用いられる。受信側でデータを取り出すためには受信波形を標本化し，**離散フーリエ変換**（Discrete Fourier Transform：DFT）を行う。離散フーリエ変換や逆離散フーリエ変換を実行するには，それらを高速に処理するアルゴリズムの **FFT**（Fast Fourier Transform）と **IFFT**（Inverse FFT）が利用される。

2.5 多 重 化 技 術

ひとつの伝送路を使って全二重通信を行う場合，あるいはひとつの伝送路を用いて互いに独立な通信を同時に行う場合，伝送路上に異なる信号を同居させる必要がある。その際に用いられる技術が多重化技術である。多重化には周波数分割多重，時分割多重，符号分割多重，波長分割多重などいくつかの方法がある。

2.5.1 周波数分割多重

周波数分割多重（Frequency Division Multiplexing：**FDM**）は，それぞれの通信で用いる周波数の帯域を分けるという方法である。ブロードバンド伝送では，搬送波に変調をかけると搬送波を中心とする帯域ができる。周波数の異なる搬送波を用意し，それぞれに異なる信号で変調をかけ帯域が重ならないようにすれば，それらを足し合わせて送信し受信側で分離することができる。この時，用いられるデバイスを周波数フィルタと呼ぶ。**図 2.12** に周波数分割多重の例を示す。

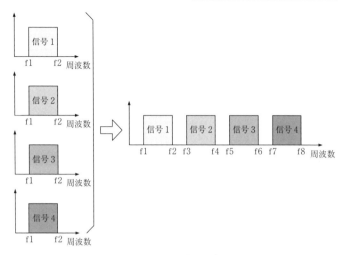

図 2.12　周波数分割多重

2.5.2　時 分 割 多 重

時分割多重（Time Division Multiplexing：**TDM**）は，**図 2.13** のように時間軸上で送信タイミングを切り替えて複数の異なる信号を送信し，受信側で同期を取って個々の信号を取り出す方法である。N 本の信号を時分割多重するには

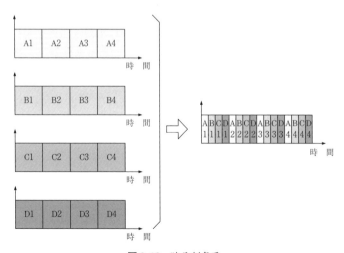

図 2.13　時分割多重

伝送速度を N 倍にしなければならない。時分割多重はディジタル通信のさまざまな場面で利用されている。

2.5.3 符号分割多重

符号分割多重（Code Division Multiplexing：**CDM**）は複数の信号にそれぞれ個別の系列（ビット列）を掛け合わせ，それらを足し合わせて伝送する方式である。掛け合わせる系列は**拡散符号**（spreading code）と呼ばれ，元の信号よりも速度が非常に速いものが選ばれる。多重化されて伝送された信号は，受信側においてそれぞれの拡散符号を掛け合わせることにより元の複数の信号に分離できる。

2.5.4 波長分割多重

波長分割多重（Wavelength Division Multiplexing：**WDM**）は光通信で用いられる多重化方式である。光は電磁波であり，波長（波の長さ）を持っている。波長の違いは可視光（目に見える光）における色の違いに対応している。もっとも光通信においては赤外領域の光が用いられるため，目で見ることはできない。また，強力なレーザ光が用いられているため目に入れることはきわめて危険である。光通信において複数の異なる波長の光を重ねて伝送しても，受信側で分波器を用いて分離することができる。WDM はコアネットワークにおいて特に重要な技術であり，多数の高速な光信号を WDM で多重化し超高速・大容量の情報伝送が実現されている。また，WDM はアクセスネットワークのFTTH（Fiber to The Home）でも利用されている。

2.5.5 多元接続方式

複数のユーザが同じネットワークに同時にアクセスするためにはそれぞれの信号が区別できなければならない。上で述べた多重化の技術はそのような場合にも利用される。ユーザごとに周波数を分けてアクセスする方式を**周波数分割**

多元接続（Frequency Division Multiple Access：**FDMA**），タイムスロット（時間軸上のある期間）を分けてアクセスする方式を**時分割多元接続**（Time Division Multiple Access：**TDMA**），異なる拡散符号を用いてアクセスする方式を**符号分割多元接続**（Code Division Multiple Access：**CDMA**）という。CDMA は第3世代の移動通信（3G）において利用された。

2.6　回線交換とパケット交換

2.6.1　交　換　方　式

　端末が2つだけ存在し通信を行う時には，間にひとつの伝送路を用意すればよい。しかし，多数（n台）の端末が互いに任意の相手と通信する場合，それぞれ個別の伝送路を用意しメッシュ状に接続をすると，きわめて多くの伝送路（$n(n-1)/2$）が必要となり，不経済であって現実的でない。したがって，そうした場合には中央に**交換機**または**スイッチ**と呼ばれる装置をおいて，端末どうしの接続をつなぎ替えることが必要となる。交換機の「**交換**」とは，つなぎ替えるという意味であり，物々交換のように互いに取り替えるという意味ではない。図 **2.14** にメッシュ状の接続と交換機（スイッチ）を用いる接続を示す。なお，交換を行わず常時接続される回線を**専用線**（leased line）と呼ぶ。

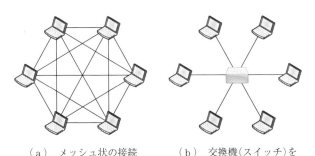

　　（a）　メッシュ状の接続　　　（b）　交換機（スイッチ）を
　　　　　　　　　　　　　　　　　　　　　用いる接続

図 2.14　メッシュ状の接続と交換機を用いる接続

2.6.2 回線交換と蓄積交換

交換には回線交換と蓄積交換の2つの方式があり，それぞれに特徴がある。

回線交換（circuit switching）では，通信に先立ち交換機が2つの端末間に通信路（回線）を設定する。そして端末は通信中その通信路を占有（独占）する。すなわち他の端末はその通信路を利用することができない。通信終了後に交換機は通信路を解放する。従来の固定電話や第3世代の携帯電話の音声通信では回線交換が用いられている。

蓄積交換（store-and-forward switching）では，送信側で情報をある単位に分割し，それぞれに宛先を付けて交換機に送信する。交換機はそれをいったん蓄積し宛先を調べて転送する。蓄積交換はメッセージ交換とパケット交換に分けられる。分割された情報がそれぞれまとまった意味を持つ場合には**メッセージ交換**（message switching），内容にはよらず単に適当な長さに分割するだけの場合は**パケット交換**（packet switching）と呼ばれる。LANやインターネットのようなコンピュータネットワークではパケット交換が用いられる。インターネットにおいて交換機（スイッチ）の役割を果たす装置を**ルータ**（router）という。**図2.15**に回線交換とパケット交換のネットワークを示す。

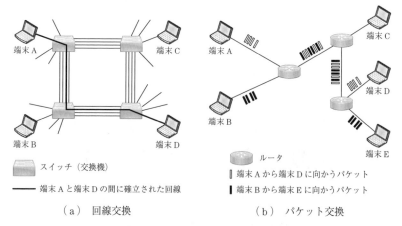

スイッチ（交換機）

―――― 端末Aと端末Dの間に確立された回線

（a）回線交換

ルータ

Ⅱ 端末Aから端末Dに向かうパケット

▌ 端末Bから端末Eに向かうパケット

（b）パケット交換

図2.15 回線交換とパケット交換

【問 2.3】 間に複数の交換機を挟んで長い情報を送る場合，メッセージ交換とパケット交換ではどちらが速く宛先に届くか。

　回線交換の長所は，中間にある交換機等の装置で待ち時間が発生しないため情報が相手に速く届くことである。電話や TV 会議のようにリアルタイム性が要求されるアプリケーションに適しているといえる。しかし，通信中は通信路が占有されるため，情報が流れていない間は通信の設備を無駄に使うことになってしまう。つまり，設備の利用効率が低いということである。一方，パケット交換では途中のルータで情報が蓄積されるため，その分情報が遅れて届くという問題がある。すなわち，リアルタイム性が要求されるアプリケーションには本質的には向いていない。しかし，情報がパケットという単位に分割されて送られるために，図 2.15（b）のように異なる通信がひとつの伝送路を共有することが可能となり，通信設備の利用効率が高いという長所を持っている。また，**図 2.16** に示すようにパケット交換では通信中に経路を変更することができ，途中に障害が発生してもそこを迂回して通信を継続することができる。すなわちパケット交換は回線交換よりも耐障害性が高いといえる。

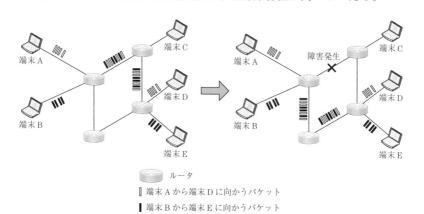

図 2.16　障害発生による経路変更

　従来の固定電話ネットワークは回線交換方式を用いてきたが，2000 年代からパケット交換方式への置き換えが始められた。パケット交換方式による新しいネットワークを **NGN**（Next Generation Network）と呼ぶ[19]。NGN は ITU-T

によって標準化され，各国で導入されている。NGN は従来の固定電話ネットワークの高信頼・高品質を維持しつつパケット交換の利点を取り入れるネットワークである。また，NGN では従来の固定電話サービスと移動通信サービス（携帯電話やスマートフォンのネットワーク）の統合も行われる。これを**FMC**（Fixed Mobile Convergence）と呼ぶ。従来の固定電話ネットワークは2025 年頃をめどに NGN に置き換えられる予定である。

2.6.3　コネクション型とコネクションレス型

LAN やインターネットのようなコンピュータネットワークでは，はじめからパケット交換が用いられ，移動通信では第 4 世代以降，音声通信にもパケット交換が用いられている。回線交換はやがて姿を消し，すべてがパケット交換に置き換わると予想されるが，回線交換の考え方自体は依然として重要であり，それはパケット交換の中にも活かされている。すなわち，たとえ物理的な回線を占有することはなくとも，通信を行う端末間に論理的な接続関係を確立し，通信中はそれを維持するという考え方は，パケット交換を利用するコンピュータ通信の中にも取り入れられているのである。

　端末間の論理的な接続関係を**コネクション**（connection）と呼ぶ。通信に先立ってコネクションを確立する通信を**コネクション型**（connection oriented）通信，コネクションを確立しない通信を**コネクションレス型**（connectionless）通信と呼ぶ。**図 2.17** にコネクション型とコネクションレス型の違いを示す。コネクション型（図 2.17（a））ではデータの受信確認応答（Acknowledgement：ACK，アック）が返送されるが，コネクションレス型（図 2.17（b））では返送されない。コネクション型通信は 1 対 1 通信に限られるのに対し，コネクションレス型通信は 1 対 1 のみならず 1 対 N，N 対 N の通信にも用いられる。コネクションレス型では 1 対 1 の明示的な接続関係は確立しないが，通信の開始から終了までの期間および通信に参加する端末どうしの関係は存在し，これを**セッション**（session）と呼ぶ。パケット通信ネットワークではコネクション型とコネクションレス型の両方の通信形態が用いられている。

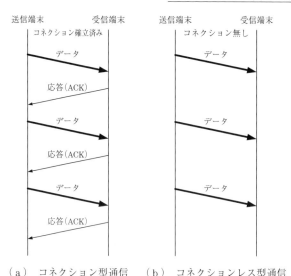

（a）　コネクション型通信　　（b）　コネクションレス型通信

図 2.17　コネクション型とコネクションレス型

【問 2.4】 コネクション型とコネクションレス型の長所・短所を考えよ。

演　習　問　題

【2.1】 可聴周波数（人間が聞き取ることのできる音声の周波数）は個人差もあるが
およそ 20 Hz〜20 kHz といわれている。これをディジタル化する場合の標本化
周波数はいくらか。

【2.2】 地上から高度約 36 000 km の静止軌道衛星を中継して，地上の A 地点と B 地点
で通信をする。衛星と A 地点，衛星と B 地点の距離がどちらも 37 500 km であ
り，衛星での中継による遅延を 10 ミリ秒とするとき，A から送信し始めた
データが B に到達するまでの伝送遅延時間は何秒か。ここで，電波の伝搬速
度は $3×10^8$ m／秒とする。

　　ア　0.13　　イ　0.26　　ウ　0.35　　エ　0.52

「出典：平成 28 年度 秋期 基本情報技術者試験 午前 問 35」

【2.3】 ASK や PSK 単独で多値度の度合いを上げていくと何が起きるか考えよ。

【2.4】 64 kbps の電話 24 回線を時分割多重すると伝送速度はいくらになるか。

第3章

通信プロトコル

プロトコル（protocol）とはもともと外交上の文書や儀礼を意味する言葉であったが，コンピュータ通信の世界に取り入れられて通信を行うための約束事という意味になった。本章では通信プロトコルの役割，その階層化の意味と方法，階層化のモデルと実際のインターネットのプロトコルとの対応について述べる。

3.1 通信プロトコルの役割

私たちが何かの手続きを行う時には，所定の申請用紙に必要事項を書き込んで決められた窓口に持っていき処理を依頼する。窓口の係りの人は申請用紙に記入された事項に不足や誤りがないことを確認し，手順に従って処理を行う。それと同様のことがコンピュータ通信においても装置内および装置間で自動的に行われている。**通信プロトコル**（communication protocol）とは，コンピュータどうしが通信を行う際の約束事（規則）である。プロトコルは，**フォーマット**（format）と**プロシージャ**（procedure）という2つの要素を持っている。フォーマットは，情報転送単位の形式を定める規則であり，プロシージャは処理の手順を定める規則である。上の手続きの例でいえば，申請用紙の書式がフォーマットであり，手続きの手順がプロシージャに相当する。プロトコルはおもにコンピュータのソフトウェア（プログラム）として実現され，一部はハードウェアによっても実現されている。

3.2 階層化とその実現方法

3.2.1 プロトコルの例と階層化

図 3.1 のように人間が対面で会話をする場面を考えよう。まず，音声が相手に届かなければ会話はできない。つぎに音声が届いても互いに同じ言語を用いなければ意思疎通はできない。さらに音声が届き，同じ言語を用いても内容に関して共通の理解がなければ会話は成立しないであろう。話し手の内容は言語によって表現され，それが音声となって相手に届く。聞き手は音声から言語を聞き取り内容を理解する。会話は通信の一種であり，音声，言語，内容（共通の理解）はその約束事，すなわちプロトコルと考えることができる。また，それらはそれぞれ独立した階層をなしている。たとえばマイクを使って音声を伝えても会話には影響しない。言語を日本語から英語に変更しても音声と内容はそのままでよい。話の内容を変更しても共通の理解さえあれば会話は成立する。この会話の例では音声が下位の層，言語が中位の層，内容（共通の理解）が上位の層となる。この例と同様のことがコンピュータ通信の世界にもある。

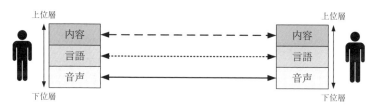

図 3.1 対面での会話のプロトコル

3.2.2 通信プロトコルの階層化

通信プロトコルは，その機能によっていくつかの階層に分けられる。物理的，すなわち電気的・機械的につながるという階層が最も低い階層であり，コンピュータのアプリケーションプログラムが互いに意思疎通するという階層が

最も高い階層である。その間には情報を転送する階層や通信の信頼性を確保するための階層などが存在する。上のほうにある階層を**上位層**，下のほうの階層を**下位層**という。個々の階層の具体的な役割については，3.3節および3.4節で述べる。

さて，コンピュータの内部で実際に動いているプログラムのことを**プロセス**（process）という[14]。コンピュータ通信とは，互いに離れたコンピュータ内にあるプロセスどうしがネットワークを介して情報をやり取りすることである。コンピュータ通信における情報転送単位を**PDU**（Protocol Data Unit）という。PDU は情報転送単位の総称であって，そのフォーマットは個々のプロトコルごとに異なる。また，呼び方にもそれぞれのプロトコルごとに用いられる名称がある。たとえば，後の章で述べる Ethernet（イーサネット）の PDU は Ethernet フレーム，IP の PDU は IP パケット，TCP の PDU は TCP セグメント，UDP の PDU は UDP データグラムという。PDU の先頭には**図3.2**のように**ヘッダ**（header）と呼ばれる制御情報が格納され，続いて運ぶべきデータの中身が格納される。ヘッダには宛先や送信元のアドレスなどが含まれている。末尾に**トレーラ**（trailer）と呼ばれる制御情報が付加されることもある。なお，パケットという言葉は情報転送単位の総称として PDU と同義に使われることもある。

図3.2 PDU の構成

プロトコルを階層化しておくと技術の発達に伴ってプロトコルの変更を行いやすくなる。あるプロトコルに閉じた内容は隣接する階層とのインタフェースさえ変えなければ自由に変更することができる。また，プロトコルの実装方法（実現方法）を変えても他のプロトコル階層に影響を与えることがない。たとえば，あるプロトコルの処理を効率化する新しい技術が開発された場合，他の階層に影響を与えることなくすぐにそれを実現することができる。

3.2.3 階層化の実現方法

プロトコルの階層化は具体的にどのように行われるのであろうか。実際の階層化は**図3.3**に示すように PDU を入れ子（nest）にすることによって実現する。送信側のプロセスは送りたいデータをプロトコルの最上位層に渡す。最上位層はそれを PDU のデータ部分に格納し，先頭にヘッダを付けてすぐ下の階層に渡す。下の階層は自身の PDU のデータ部分に上位層から受け取った PDU を格納し，先頭にその階層としてのヘッダを付けてさらに下の階層に渡す。これを繰り返して最下位の層で作られた PDU がネットワークに送り出されるのである。このように上位層の PDU を下位層のデータとして取り込むことを**カプセル化**（encapsulation）という。

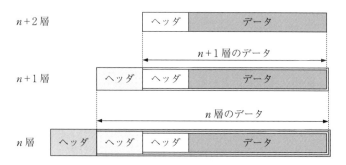

図3.3 PDU の入れ子による階層化

受信側ではまず最下位の層で受信された PDU が適切なものであることをチェックし，ヘッダを除去してすぐ上の階層に渡す。上の階層は同様に受け取った PDU のチェックを行い，ヘッダを除去してさらに上の階層に渡す。これを繰り返して受信側のプロセスに情報が届けられる。荷物の配送にたとえると，送信側では荷物（データ）の梱包とラベル（ヘッダ）貼りを何重にも繰り返し，受信側ではラベルのチェック・削除と開梱を何度も繰り返しているということになる。以上の手順からわかるように PDU の大きさ（サイズ）は最上位のプロトコルで最も小さく，最下位のプロトコルで最も大きくなる。

なお，PDU のカプセル化は同じプロトコル階層において行われることもあ

る。たとえば新旧のプロトコルを互いに変換する場合などがそれに相当する。新バージョンの PDU を旧バージョンの PDU のデータとしてカプセル化する，逆に旧バージョンの PDU を新バージョンの PDU のデータとしてカプセル化するようなことが行われる。このような場合にはカプセル化される PDU が上位層，カプセル化する PDU を下位層としてひとつのプロトコル階層が 2 階層に分かれていると考えればよい。

3.3 OSI 基本参照モデル

インターネットが普及する前の 1970 年代から 1980 年代にかけて，**国際標準化機構**（International Organization for Standardization：**ISO**）がプロトコル階層化のモデルを制定した。これを **OSI 基本参照モデル**（OSI basic reference model）という。OSI とは Open Systems Interconnection の略で日本語では開放型システム間相互接続と訳される。OSI 基本参照モデルはプロトコルそのものを規定したものではない。また，現在のインターネットのプロトコルはこのモデルどおりに作られているわけではないが，通信の機能を階層化して考える際には有用なモデルである。OSI 基本参照モデルではプロトコルを 7 階層に分けて整理している。以下，下の階層から上の階層に向けてその概要を示す。

3.3.1 物理層（第 1 層）

物理層（physical layer）は電気的，光学的，機械的な接続を規定する。電気または光信号の速度，信号の波形や強度，ケーブルやコネクタの種類や物理的形状，ピン配置などの規則がこの層で定められる。信号の変調・復調の方法や伝送符号化則を決めることもこの層の役割である。

3.3.2 データリンク層（第 2 層）

データリンク層（data link layer）は LAN（Local Area Network）のようなひ

とつのネットワーク内でコンピュータどうしが直接，確実な通信を行うための
規則を決める。ネットワーク内で同じ媒体を共有して通信を行う場合，信号の
衝突が発生することがある。この衝突を検出・回避することもデータリンク層
の重要な役割である。異なるネットワークのコンピュータどうしが通信を行う
には次のネットワーク層が必要となる。

3.3.3　ネットワーク層（第3層）

　遠く離れた別のネットワークのコンピュータと通信を行う場合，情報は間に
存在するいくつものネットワークを経由して転送される。複数の異なるネット
ワークの間で情報を転送する経路を定め，実際に情報を転送するための規則は
ネットワーク層（network layer）で決められる。ネットワーク層では**ベストエ
フォート**の情報転送が行われる。すなわち，相手に届ける最善の努力（best
effort）はするが，到達の保証はしないということである。相手に確実に届け
るためには，次のトランスポート層が必要になる。

3.3.4　トランスポート層（第4層）

　トランスポート層（transport layer）は端末のプロセスどうしが確実に情報
を伝え合うための処理の規則を決める。PDU がネットワークを転送されてい
く間にはいろいろなことが起こる。PDU の一部が破損する，PDU が破棄され
るということは普通に起こるし，PDU がネットワークを通過していく経路は
時々刻々変わる可能性があり，必ずしも送り出した順に相手側に届くとは限ら
ない。近道をした PDU は速く届くが，遠回りをした PDU は遅れて届く。この
ような事情のため，破損・破棄された PDU を再送することや，順序違いで届
いた PDU を正しく並べ直すことが必要となる。また，送信側は受信側の状況
に応じて送信速度を調整しなければならない。さらに，ネットワークでは混雑
が発生することがあり，その混雑を緩和することも必要である。トランスポー
ト層の規定によって以上のような処理が行われる。

3.3.5 セッション層 (第5層)

アプリケーションのプロセスが通信を開始し終了するまでの論理的な接続関係とその期間をセッション (session) という。**セッション層** (session layer) はセッションの開始, 終了, 一時停止や再開などの規則を決める。通信を再開するポイントや半二重通信における通信方向の切り替えのポイントを**同期点** (synchronization point) という。同期点はセッション層によって決められる。

3.3.6 プレゼンテーション層 (第6層)

プレゼンテーション層 (presentation layer) は情報の表現形式を規定する。情報を表現する符号化則や情報の圧縮, 暗号化の方法などがこの層に含まれる。これらが整合していないと受信側で情報が正しく表現できない。すなわち, 意味不明の情報が現れたり, 文字化けなどが発生する。また, 圧縮された情報の解凍, 暗号の解読などができない。文字に番号を与える規則を**文字コード** (character code) というが, よく使われる文字コードには **UTF-8** や **Shift_JIS** などがある。

3.3.7 アプリケーション層 (第7層)

アプリケーション層 (application layer) は個々のアプリケーションプロセスに対してプロセス間通信のサービスを提供する規則を決める。いろいろなアプリケーションに対してそれぞれ固有のプロトコルがある。アプリケーション層はアプリケーションそのものではないことに注意しなければならない。インターネットは, 電子メール, ファイル転送, WWW (Webサイト閲覧), 遠隔コンピュータ制御などさまざまなサービスを提供するが, これらは個別のアプリケーションプログラムとして実現される。そのプロセスどうしが通信を行うための規則がアプリケーション層のプロトコルである。

図3.4に OSI 基本参照モデルとネットワーク装置の関係を示す。また, この図は両端のアプリケーションプロセスどうしが各階層のプロトコルを利用して通信を行う様子を示している。端末は OSI 基本参照モデルのすべての階層

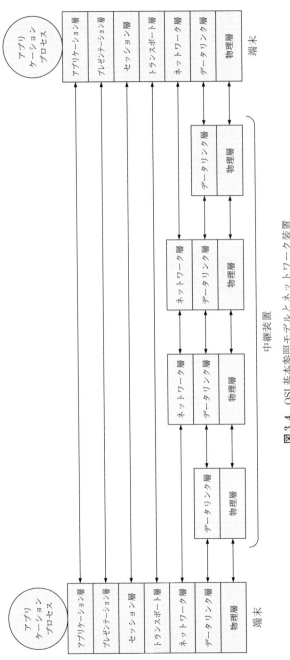

図 3.4　OSI 基本参照モデルとネットワーク装置

を有している。途中の中継装置は情報を転送するだけであるから物理層とデータリンク層，または物理層からネットワーク層までの機能しか持たない。データリンク層は隣接する装置どうしの接続に必要であり，ネットワーク層は異なるネットワークの間で PDU を転送する場合に必要となる。なお，図 3.4 には示していないが，物理層の機能だけを持つ装置もある。図中の矢印は同じ階層のプロトコルどうしが PDU のやり取りを行うことを示している。

【問 3.1】 図 3.4 において中継装置はなぜ第 1 層と第 2 層または第 1 層から第 3 層までのプロトコルだけを持てばよいのか。

3.4　インターネットのプロトコル階層

OSI 基本参照モデルはプロトコルを階層化し整理したひとつのモデルにすぎない。実際のプロトコルは必ずしも OSI 基本参照モデルのように 7 階層に分けて作る必要はない。事実，インターネットで用いられているプロトコルは 4 階層からなる。OSI 基本参照モデルとインターネットのプロトコル階層の関係を図 3.5 に示す。

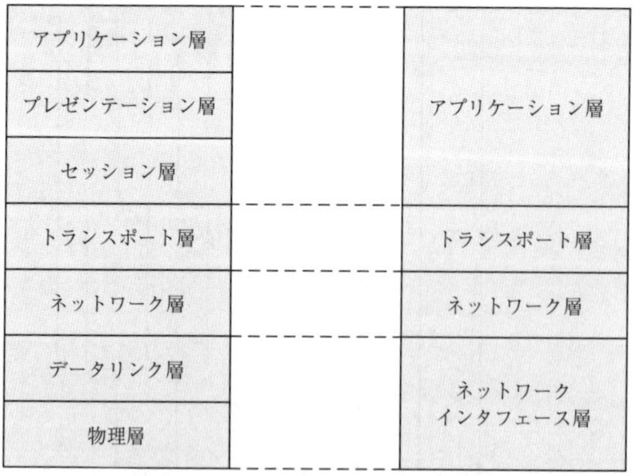

アプリケーション層		
プレゼンテーション層		アプリケーション層
セッション層		
トランスポート層		トランスポート層
ネットワーク層		ネットワーク層
データリンク層		ネットワークインタフェース層
物理層		

（a） OSI 基本参照モデル　　　（b） インターネットのプロトコル階層

図 3.5　OSI 基本参照モデルとインターネットのプロトコル階層

3.4.1　ネットワークインタフェース層

ネットワークインタフェース層（network-interface layer）は OSI 基本参照モデルの物理層とデータリンク層に相当する。具体的なプロトコルとしては Ethernet や無線 LAN のプロトコルなどがある。これらはハードウェアおよび**デバイスドライバ**（device driver）というソフトウェアで実現される。詳細は第 4 章で解説する。

3.4.2　ネットワーク層

OSI 基本参照モデルのネットワーク層に相当する。具体的なプロトコルとしては IP（Internet Protocol）と ICMP（Internet Control Management Protocol）がある。現在，IP にはバージョン 4（IPv4）とバージョン 6（IPv6）があり，2 つの間に互換性はない。IP はコンピュータの基本ソフトウェアであるオペレーティングシステム（Windows，Linux，Android，iOS など）の機能として実現される。詳細は第 5 章で解説する。

3.4.3　トランスポート層

OSI 基本参照モデルのトランスポート層に相当する。具体的なプロトコルとして TCP（Transmission Control Protocol）または UDP（User Datagram Protocol）が使用される。TCP と UDP はオペレーティングシステムの機能として実現される。詳細は第 6 章で解説する。

3.4.4　アプリケーション層

OSI 基本参照モデルのセッション層以上に相当する。使用されるプロトコルはアプリケーションごとに異なる。**表 3.1** におもなプロトコルを示す。アプリケーション層のプロトコルはアプリケーションプログラムの機能の一部として実現される。それぞれの詳細は第 7 章で解説する。

3.2.3 項で述べたようにアプリケーション層の PDU は TCP セグメントまたは UDP データグラムにカプセル化され，それらは IP パケットにカプセル化さ

表 3.1 アプリケーション層のおもなプロトコル

プロトコル名	意　味	用　途
DHCP	Dynamic Host Configuration Protocol	IP アドレスその他の設定
DNS	Domain Name System	ドメイン名と IP アドレスの変換
SMTP	Simple Mail Transfer Protocol	電子メール送信
POP3	Post Office Protocol 3	電子メール受信
IMAP4	Internet Mail Access Protocol 4	電子メール受信
FTP	File Transfer Protocol	ファイル転送
HTTP	Hypertext Transfer Protocol	Web サイト閲覧
SSH	Secure Shell	遠隔コンピュータ制御
SNMP	Simple Network Management Protocol	ネットワーク管理

れる。そして IP パケットは Ethernet フレームや無線 LAN のフレームなどにカプセル化される。

　なお，OSI 基本参照モデルのプレゼンテーション層やセッション層の機能はアプリケーションプログラムの中に作り込まれる。

【問 3.2】 インターネットにおいて OSI 基本参照モデルのセッション層以上の機能がアプリケーション層にまとめられている理由を考えよ。

3.5　クライアント・サーバ型とピア・ツー・ピア型

　階層化されたプロトコルの上位層は下位層のサービスを利用し，下位層は上位層にサービスを提供している。たとえばインターネットのプロトコル階層では，アプリケーション層はトランスポート層のサービス，トランスポート層はネットワーク層のサービス，ネットワーク層はネットワークインタフェース層のサービスをそれぞれ利用して情報を転送している。一般にサービスを受ける（利用する）側を**クライアント**（client，顧客側），サービスを提供する側を**サーバ**（server，奉仕側）と呼ぶ。

　インターネットにおいてはアプリケーションプロセスそのものもクライアントまたはサーバのいずれかの立場に分かれて通信を行うことが非常に多い。このような通信の形態を**クライアント・サーバ型**（client-server model）と呼ぶ。

たとえば Web アクセスでは端末はクライアントとしてネットワーク上の Web サーバに接続して情報の提供を受ける。電子メールでは端末のメーラがクライアントであり，メールサーバがメールの送受信・転送というサービスを提供する。クライアント・サーバ型ではサービスを受ける側とサービスを提供する側の役割が固定されている。もっともサーバが別のコンピュータからサービスを受ける場合はクライアントになる必要がある。しかし，この場合は役割が変わるだけでクライアント・サーバ型であることには変わりがない。

　クライアント・サーバ型ではクライアントが主，サーバが従という関係になっているが，2つのプロセスがまったく同格の立場で通信を行う形態もある。これを**ピア・ツー・ピア型**（Peer to Peer model：**P2P** model）という。ピア（peer）とは同格の者という意味である。P2P 型の例としては IP 電話やファイル交換ソフトなどが挙げられる。

　クライアント・サーバ型とピア・ツー・ピア型の形態を**図 3.6** に示す。

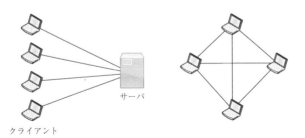

（a）　クライアント・サーバ型　　（b）　ピア・ツー・ピア型
図 3.6　クライアント・サーバ型とピア・ツー・ピア型

【問 3.3】インターネット上のクライアント・サーバ型通信の例を挙げよ。

演　習　問　題

【3.1】インターネットにつながらない場合，OSI 基本参照モデルのどのプロトコル階層から原因を調べていくべきか。

【3.2】ネットワーク層とトランスポート層がオペレーティングシステムの機能とし

て実現されている理由を考えよ。

【3.3】 クライアント・サーバ型とピア・ツー・ピア型それぞれの長所と短所を挙げよ。

【3.4】 OSI 基本参照モデルにおいて，アプリケーションプロセス間での会話を構成し，同期をとり，データ交換を管理するために必要な手段を提供する層はどれか。

　　　ア　アプリケーション層　　イ　セション層
　　　ウ　トランスポート層　　　エ　プレゼンテーション層

「出典：平成 22 年度 春期 応用情報技術者試験 午前 問 36」

第4章

LAN

LAN（Local Area Network）は情報通信ネットワークの最小単位であり，私たちの最も身近にあるネットワークである。インターネットとは「世界中に存在する無数のLANが互いに結ばれた地球規模の情報通信ネットワーク」であるといってよい。LANの規模はさまざまである。たとえばホームLANなどは非常に小規模であるが，企業や大学等の構内LANには大規模なものが多い。本章ではLANの構成，有線LANと無線LANの代表的なプロトコルについて述べる。また，LANとは目的や性格が異なるが，個人単位の小規模なネットワークPAN（Personal Area Network）とそこに使用される無線通信技術（BluetoothとZigBee）についても紹介する。

4.1 LAN の 構 成

LANは伝送媒体によって有線LANと無線LANに分けられる。**有線LAN**では電気のケーブルや光ファイバが用いられ，**無線LAN**では空間が媒体となる。

LANはネットワークのトポロジー（機器どうしの接続形態）によって，バス型，スター型，リング型に分類することもできる。有線LANの代表的な規格**Ethernet**（イーサネット）はバス型のネットワークとして始まったが，現在ではスター型が主流になっている。リング型の有線LANには**Token Ring**や**FDDI**（Fiber Distributed Data Interface）などの規格があり，初期のLANには用いられたが最近ではほとんど使われていない。

LANの情報転送単位（PDU）は**フレーム**（frame）と呼ばれる。フレームはデータリンク層のPDUを表す言葉である。LAN内の有線ネットワークでは，フレームを転送するリピータ，ハブ，スイッチ等の機器が用いられる。無線

LANの場合，無線端末は**アクセスポイント**（Access Point：**AP**）と呼ばれる機器を通じて通信を行う。APは通常，有線ネットワーク（Ethernet）に接続されている。ひとつのLAN全体の出入り口にはルータと呼ばれる機器が設置され，外部のネットワークに接続される。ルータはパケットを転送する装置であるが，このようにLANの出入り口に設置されるときは**デフォルトゲートウェイ**（default gateway）とも呼ばれる。**図4.1**にLANの構成例を示す。

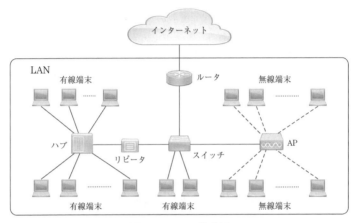

図4.1　LANの構成例

4.2　MACアドレス

LANの内部で端末どうしが通信するために使われる物理アドレスを**MACアドレス**という。MACとはMedia Access Control（媒体アクセス制御）の略であるが，その内容については4.4節で述べる。MACアドレスは，機器の工場出荷時に通信インタフェース部に設定されるアドレスであり，基本的に変更されることはない。また，それは世界で唯一のアドレスであって，他の機器と重複することもない。MACアドレスは通常，機器の読出し専用メモリ（Read Only Memory：**ROM**）に格納されている。

MACアドレスの構成を**図4.2**に示す。6バイト（48ビット）の長さを持ち，

図 4.2 MAC アドレスの構成

前半の 3 バイト（24 ビット）には，アドレスの種類を示す 2 ビットの情報と
製造メーカを表す 22 ビットの情報が含まれる。この 3 バイトの部分を **OUI**
（Organizationally Unique Identifier）と呼ぶ。OUI の先頭バイトの LSB を **I/G
ビット**と呼ぶ。I は Individual，G は Group の略であり，このビットが 0 の時は
ユニキャストアドレスであること，1 の時はマルチキャストアドレスであるこ
とを示す。その左隣のビットを **G/L ビット**と呼ぶ。G は Global，L は Local の
略であり，このビットが 0 の時はグローバルアドレスであること，1 の時は
ローカルアドレスであることを示す。製造メーカはグローバルアドレスを指定
する。ローカルアドレスは利用者が自分のネットワーク内で独自の MAC アド
レスを指定する時に使われる。MAC アドレスの後半の 3 バイトは，製造メーカ
によって管理され，製品番号（機種や製造番号に相当する情報）が格納される。

　MAC アドレスは，1 バイトを前半と後半の 4 ビットに分けてそれぞれを 16
進数で表し，それを 6 バイト分並べて表現する。バイトの区切りはコロン（:）
またはハイフン（-）で示す。たとえば，「00000000 00000000 01011110 000000
00 01010011 00000001」は「00:00:5E:00:53:01」のように表すのである。MAC
アドレスは LAN 内の通信において，フレームの宛先アドレスおよび送信元ア
ドレスとして使用される。LAN 内のすべての端末にフレームを送信（放送）
する時は全ビットを 1 とするブロードキャストアドレス（FF:FF:FF:FF:FF:FF）
が用いられる。

　ところで I/G ビットや G/L ビットはなぜ MAC アドレスの先頭に現れない
のであろうか。その理由は次節で述べる Ethernet フレームのビット送信順序

に関係している。Ethernet では先頭バイトからバイトごとに送信が行われていくが，バイト内の各ビットの送信は LSB から MSB に向かって行われる。この様子を**図4.3**に示す。I/G ビットは先頭バイトの LSB であるからアドレスの先頭ビットとして送信される。受信側はそれを見ることで最初にユニキャストかマルチキャストかを判断できるのである。

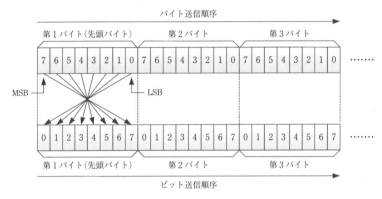

図4.3　Ethernet のバイト／ビット送信順序

【**問 4.1**】 ひとつの OUI でいくつの製品番号を使用できるか。

4.3　Ethernet

Ethernet は世界で最も普及している有線 LAN の規格である[7]。たいていのコンピュータには Ethernet ケーブルのコネクタが付いている。

Ethernet のプロトコルは，ネットワークインタフェース層（OSI 基本参照モデルでは物理層とデータリンク層に対応）に属する。**図4.4**に Ethernet の基本フレーム構成を示す。先頭にヘッダがあり，続いてデータがあり，最後にト

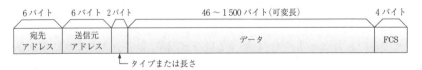

図4.4　Ethernet の基本フレーム構成

レーラが付いている。ヘッダは全部で 14 バイト，データは可変長で 46〜1 500
バイト，トレーラは 4 バイトである。合計すると Ethernet の基本フレームは
最短で 64 バイト，最長で 1 518 バイトということになる。

　ヘッダには**宛先 MAC アドレス**，**送信元 MAC アドレス**に加えて**タイプ**また
は**長さ**を示す 2 バイトのフィールドが含まれる。Ethernet には，DIX（または
Ethernet II）と IEEE802.3 の 2 つの規格がある。**DIX 規格**では，タイプ／長
さフィールドにデータのタイプが入り，**IEEE802.3 規格**ではデータの長さ（バ
イト数）が入る。タイプとは，「データの中身は何か」という情報である。た
とえば，データが後に学ぶ IPv4 パケットの場合は 0x0800（16 進表記），IPv6
パケットの場合は 0x86DD，次節で述べる ARP パケットの場合は 0x0806 とい
う数値が入る。タイプ／長さフィールドに格納される値が 1 500 を超える場合
は，タイプと判断し，1 500 以下の場合は長さと判断することで 2 つの規格の
間に矛盾が生じないようになっている。つまり，DIX 規格と IEEE802.3 規格
は互換性がある。

　ヘッダの次にはデータがくるが，ここの長さは 46 バイト以上 1 500 バイト
以下という規定になっている。送信したいデータが 46 バイトに満たない場合
は，残りの部分に 0 を詰めて 46 バイトにする。たとえば，1 バイトの情報を
送る時には 45 バイトの 0 を詰めるのである。このように Ethernet のデータに
は最短の長さがあるが，その理由は，4.5 節で述べる媒体アクセス制御に関係
している。

　トレーラの **FCS** は Frame Check Sequence の略で，フレームの誤り検出を
行うためのフィールドである。送信側では，ヘッダからデータ部分までのビッ
ト列全体を対象に，ある種の計算（32 次の多項式による 2 を法とする割り算）
を施してその結果（割り算の余り 32 ビット）を FCS に格納する。受信側で
は，受信したヘッダとデータに同じ計算を行った結果と FCS に格納され送ら
れてきた値とを比較し，一致すれば「誤り無し」，一致しなければ「誤り有り」
と判定する。「誤り有り」と判定されたフレームは受信側で破棄される。

　なお，フレームには含まれないが，ヘッダの前には**プリアンブル**（preamble）

と呼ばれる7バイトと **SFD**（Start Frame Delimiter）と呼ばれる1バイトがある。プリアンブルは，2進数で「10101010」を7回繰り返した系列，SFD は「10101011」である。この合計8バイトは受信側に対しフレームが到着する予告を示すもので，この間に受信側はタイミングを合わせて（同期を確立し）受信の準備を整える。Ethernet は非同期通信なので，いつフレームが到着するかわからない。そこでフレーム到着の予告を与えるこの8バイトが必要になるのである。プリアンブルは物理層に属し，通常は Ethernet のフレームに含めない。

また，Ethernet のフレームは連続して（間隙を置かずに）送信することは許されず，FCS の後には12バイト以上の間隔をあけることになっている。この部分を **IFG**（Inter-Frame Gap）と呼ぶ。

【問 4.2】100 Mbps で最大長の Ethernet フレームを1個伝送するために必要な時間を求めよ（プリアンブルと IFG は考えなくてよい）。

4.4　ARP

MAC アドレスは機器に物理的に付与されたアドレスであるから，フレームの送信元 MAC アドレスは機器自身が当然知っている。しかし，宛先の MAC アドレスはどのようにして知るのだろうか。第3章で述べたように LAN のフレームは上位のネットワーク層の PDU，すなわち IP パケットをカプセル化する。つまり Ethernet フレームのデータ部分は IP パケットである。IP パケットのヘッダにはネットワーク層としての宛先アドレスと送信元アドレスが含まれている。これが次章で述べる IP アドレスである。IP アドレスは論理的にコンピュータのインタフェースを識別するアドレスであり，通信を行うコンピュータはすべて IP アドレスを保持している。フレームのデータ部分に IP パケットを格納して送信する際，宛先 MAC アドレスには宛先 IP アドレスに対応するアドレスを格納しなければならない。その際に使用されるプロトコルが **ARP**（Address Resolution Protocol，アープ）である。

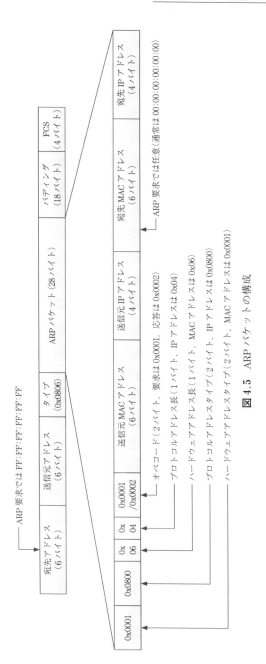

図 4.5 ARP パケットの構成

ARP は IP アドレスと MAC アドレスの対応付けを行う。これを**アドレス解決**（address resolution）という。ARP の PDU を **ARP パケット**と呼ぶ。ARP パケットの構成を**図 4.5** に示す。ARP パケットはこの図のように Ethernet フレームのデータ部分にカプセル化されて転送される。ARP パケットは Ethernet と IP 以外のプロトコルにも対応できるように汎用性のある構成になっている。

端末は IP アドレスと MAC アドレスの対応表（**ARP テーブル**）を保持している。端末の立ち上げ時には ARP テーブルには何も記載されていない。ARP は宛先 IP アドレスを持つ端末の MAC アドレスを問い合わせるパケットを LAN 内にブロードキャストする（ARP パケット内の宛先 MAC アドレスのフィールドは空欄，すなわち 0）。これを **ARP 要求**（ARP request）という。ARP 要求に対してその IP アドレスを保持する端末がユニキャストで応答する。これを **ARP 応答**（ARP response）という。ARP 応答のパケットには ARP 要求パケット内の送信元アドレスと宛先アドレスが入れ替わって格納され，不明とされた端末の MAC アドレスが記入される。ARP 応答パケットに入っている送信元 MAC アドレスが，いま知りたい宛先 MAC アドレスである。これが ARP テーブルに記入される。次回からはその IP アドレスに対しては ARP テーブルを参照することで宛先 MAC アドレスを得ることができる。なお，ARP 要求を受信した側の端末も送信元の IP アドレスとその MAC アドレスの対応関係を自身の ARP テーブルに記入する。後でその端末に送信する際にその情報を利用するためである。ARP 要求と ARP 応答の様子を**図 4.6** に示す。なお，宛先 IP アドレスが LAN 外部のものである場合は，ARP でデフォルトゲートウェイの MAC アドレスを取得し，そこへ送信する。

ARP テーブルに記入された MAC アドレスは一定時間経過すると削除される。これを**エージアウト**（age out）という。削除された MAC アドレスは再度 ARP 要求を行うことによって取得される。

【問 4.3】 エージアウトを行う目的は何か。

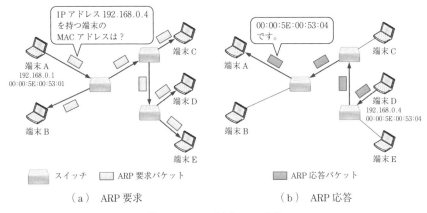

（a）　ARP 要求　　　　　　　　　　　　　（b）　ARP 応答

図 4.6　ARP 要求と ARP 応答

4.5　媒体アクセス制御と CSMA／CD

　Ethernet の最初の規格（10BASE5）では，使用する伝送媒体は同軸ケーブル，半二重通信で伝送速度は 10 Mbps，ネットワークトポロジーはバス型であった。Ethernet はランダムアクセス方式，すなわち各端末が任意のタイミングでフレームを送り出す方式であり，バス上ではフレームの衝突が発生することがある。伝送媒体上でフレームの衝突を検出・回避することを**媒体アクセス制御**（Media Access Control：**MAC**）という。Ethernet の媒体アクセス制御としては **CSMA／CD**（Carrier Sense Multiple Access with Collision Detection）という方式が採用された。ここで Carrier とは伝送媒体（ケーブル）を意味する。

　CSMA／CD では，フレーム送信前に伝送媒体（ケーブル）に他のフレームが流れていないかを調べ，流れていない時にフレームを送信する。送信中も媒体の監視を続け，衝突が検出された場合は送信を打ち切って衝突検出信号（ジャム信号：jam signal）を送信し，ランダムな時間待ってから送信をやり直す。送信中に遠く離れたところで自身のフレームに発生した衝突を検出するためには，ある時間以上，ひとつのフレームを流し続ける必要がある。Ethernet フレームの最短長 64 バイトはこうした事情から決められた。現在の Ethernet の

ネットワークには通常，スイッチ（あるいはスイッチングハブ）が用いられ，スター型の全二重通信となっているため，CSMA/CD の仕組みが実際に働くことはほとんどなくなった。しかし，CSMA/CD に見られる媒体アクセス制御の考え方は重要である。後に述べる無線 LAN では，CSMA/CD に類似した CSMA/CA（Carrier Sense Multiple Access with Collision Avoidance）という方式が用いられている。

10 Mbps の速度から出発した Ethernet は，その後，技術の進歩に伴って高速化が進み，100 Mbps，1 Gbps，10 Gbps[17]，40 Gbps，100 Gbps，400 Gbps 等の規格が追加された。100 Mbps からは光ファイバを用いる規格も加わった。現在（2022 年時点）は 1 Gbps の Ethernet が広く使われているが，今後はさらに高速の Ethernet が普及すると考えられる。なお，高速になると上に述べたフレームの最短長 64 バイトの条件は変わってくるが，Ethernet ではどの速度においてもフレームのデータ長は 46 バイト以上 1 500 バイト以下が基本となっている。

4.6　Ethernet に用いられるネットワーク機器

Ethernet では，リピータ，ハブ，スイッチなどのネットワーク機器がフレームを転送する。以下，それぞれの機器の概要を述べる。

4.6.1　リ　ピ　ー　タ

リピータ（repeater）は減衰した信号を物理的に立て直す機能だけを持ち，論理的な処理は行わない。伝送距離を延ばすために用いられる物理層の機器である。

4.6.2　ハ　　　　　ブ

ハブ（hub）は集線装置ともいわれ，複数のポート（フレーム送受信の物理的な口）を持っている。端末はケーブルでハブの各ポートに接続される。ハブは機能の点からリピータハブとスイッチングハブに分けられる。

　リピータハブ（repeater hub）は，リピータと同様に物理層の機能しか持たない。したがって，あるポートで受信されたフレームは，そのコピーが他のすべてのポートから送信される。このように受信ポートを除くすべてのポートから同じフレームを送信することを**フラッディング**（flooding）という。flood とは（フレームの）洪水という意味である。フラッディングが発生している間は，すべてのケーブルが占有されて他の通信に利用できなくなる。したがって，フラッディングが多発すると通信の効率が著しく低下する。

　これに対して，**スイッチングハブ**（switching hub）には**アドレス学習機能**があり，宛先の端末がつながるポートにだけフレームを送信することができる。アドレス学習は，フレームを受信したポートとそのフレームの送信元アドレスの対応関係を記憶することによって行われる。スイッチングハブは，内部にポート番号と MAC アドレスの対応表（**アドレステーブル**）を持っているが，電源投入直後にはこのテーブルには何も記載されていない。したがって，最初に受信したフレームはどのポートから送信すればよいかわからないので，リピータハブのように他のポートにフラッディングする。しかし，このときフレームを受信したポートとその先につながる送信端末の MAC アドレスの対応関係を記憶することができる。他のポートでもこのような動作を繰り返すことにより，順次フラッディングは減り，最後は宛先の端末がつながるポートにだけフレームを送信できるようになる。ただし，一度学習した MAC アドレスは一定時間経過すると消去される（エージアウト）。なお，現在，市場で販売されているハブの多くはスイッチングハブである。

【**問 4.4**】アドレステーブルのエージアウトは何のためか。

4.6.3　スイッチとブリッジ

　スイッチ（switch）はスイッチングハブをさらに高機能化した機器を指すことが多いが，その定義は曖昧である。たとえば 4.9 節で述べる VLAN の機能を有するものは普通，スイッチと呼ばれる。

　LAN の内部において 1 本のケーブルとそれにバス接続（あるいはリピータハ

ブ接続）される端末の集合を**セグメント**（segment）と呼ぶ。**ブリッジ**（bridge）
はバス型 Ethernet が使われていた頃にアドレス学習機能を持ち LAN 内の 2 つ
のセグメントを連結する機器を指していたが，現在ではスイッチングハブに置
き換わっている。しかし，ブリッジという言葉はデータリンク層のアドレス学
習機能を持つ機器の総称として使われることもある。

4.7　スパニングツリープロトコル

　大規模な LAN では多くのスイッチやハブが用いられる。それらの機器どう
しの接続を誤ると LAN 内に**図 4.7** に示すようなループができる可能性がある。
図 4.7 の構成において，端末 A がブロードキャストフレームを送信するとス
イッチ 1 はそれを隣接するスイッチ 2，スイッチ 3 に転送する。スイッチ 2，
スイッチ 3 はそのフレームを互いに転送し，さらにそれはスイッチ 1 にも転送
される。こうしてブロードキャストフレームが増殖しつつスイッチ間を永遠に
回り続けることになる。また，スイッチは受信したブロードキャストフレーム
を他のすべてのポートから送信するため，LAN 内の全端末は同じブロードキャ
ストフレームを永遠に受信し続けることになる。このような現象を**ブロード
キャストストーム**（broadcast storm）と呼ぶ。ストーム（storm）とは（フ

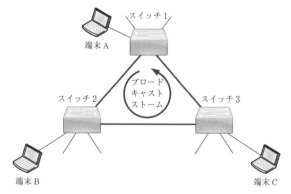

図 4.7　ブロードキャストストーム

レームの）嵐のことである。ブロードキャストストームはネットワーク障害の一種で，LAN において避けなければならない現象である。伝送路がブロードキャストフレームに占有され正常な通信（フレームの転送）ができなくなるからである。

ループができるとアドレス学習も正常に行われなくなる。フラッディングされたフレームが循環しスイッチの複数のポートに到着すると，どのポートの先に送信元の端末があるのか判定できないからである。

こうした事態を避けるためにはループの形成を防ぐ必要がある。その際に利用されるプロトコルが**スパニングツリープロトコル**（Spanning Tree Protocol：**STP**）である[6]。STP はスイッチやスイッチングハブ等の機器にインストールされる。STP は機器どうしで制御フレーム（Bridge Protocol Data Unit：**BPDU**）を交換し，ループを形成しないように機器の間を接続する経路（ツリー）を構成する。ツリー（tree，木）とはすべての機器を含み，かつループを持たない伝送路と機器およびポートの集合のことである。ツリーの決定にあたっては，まず中心となる機器（ルートブリッジ）を機器どうしの選挙で決定し，次にフレームの転送に参加する機器とポートを決定する。

STP によって，たとえば**図 4.8**（a）のような経路が構成される。点線の伝送路につながるポートは閉じられてループは形成されない。一方，STP は信頼性の向上に利用することもできる。意図的にループを構成する接続をしておき，

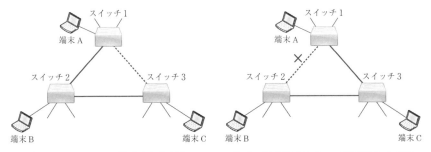

（a） STP によって構成された経路　　（b） 障害発生によって変更された経路

図 4.8 STP による経路の構成

障害発生時に自動的に経路を切り替えるのである。図4.8（b）は同図（a）の状態においてスイッチ1とスイッチ2を結ぶ伝送路に障害が発生し，経路が切り替えられた様子を示している。このようにSTPにはネットワークの状態を常時監視し，変化を検出して最適な経路を再設定するという働きがある。

　STPにはネットワークに変化があった場合，経路の再設定に時間を要するという課題があったが，現在ではこれを改善した**RSTP**（Rapid Spanning Tree Protocol）が広く使われている。RSTPとSTPには互換性があるが，混在させて使うと高速化の効果は得られない。

4.8　リンクアグリゲーション

　スイッチ間を複数の伝送路で接続し，通信容量の拡大，負荷分散，信頼性の向上を行う手法を**リンクアグリゲーション**（link aggregation）または**ポートトランキング**（port trunking）という[6]。**図4.9**（a）のようにスイッチ1とスイッチ2の間を4本の伝送路で接続すると伝送容量は4倍になる。見方を変えれば4つの伝送路に負荷を分散しているともいえる。また，図4.9（b）のようにいずれかの伝送路に障害が発生しても，残りの伝送路で通信を継続することができるため信頼性が向上する。リンクアグリゲーションを行うにはスイッチに手動で設定を行う方法と装置にプロトコルを搭載し自動的に行わせる方法がある。後者で使われるプロトコルを**LACP**（Link Aggregation Control Protocol）

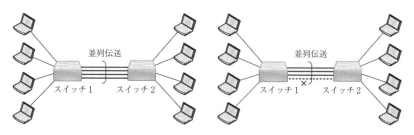

　　　（a）　伝送容量の増大または負荷分散　　　　　（b）　障害発生時の通信継続

図4.9　リンクアグリゲーション

という。

【問 4.5】 リンクアグリゲーションの機能を持たないスイッチどうしを複数のケーブルで接続すると何が起きるか。

4.9 VLAN

VLAN（Virtual LAN，仮想 LAN）はひとつの LAN の内部を複数の仮想的な LAN に分割する技術である[6]。また，分割された仮想 LAN そのものも VLAN と呼ぶ。たとえば，ひとつの企業の LAN をその部署ごとに分割する場合などに用いられる。それぞれの仮想 LAN は独立しており，間に別の機器（ルータ等）を接続しない限り互いに通信することはできない。

VLAN の利点を挙げると次のようになる。

① 機器の物理的な配置や配線を変えることなく，ソフトウェアの設定でネットワークの構成を変更することができる。

② ARP 等で行われるブロードキャストが個々の VLAN 内に制限され他の VLAN の通信を妨げないため，通信の効率が向上する。

③ 通信が VLAN 内に制限されることでセキュリティが向上する。

VLAN はスイッチのソフトウェアに設定を行うことによって作られる。VLAN には，その実現手法としてポートベース VLAN，MAC ベース VLAN，タグ VLAN がある。**図 4.10** にそれぞれの VLAN の構成例を示す。

ポートベース VLAN は物理ポートによって VLAN を識別するものである。あらかじめスイッチの各ポートに VLAN 番号を設定しておき，スイッチはそのポートに到着するフレームを対応する VLAN に属するものと認識し，同一 VLAN に所属する他のポートから送出する。たとえば，図 4.10（a）のように 16 個のポートを持つスイッチのポート 1 番から 6 番までを VLAN1，ポート 7 番から 16 番までを VLAN2 というように設定するのである。

MAC ベース VLAN では図 4.10（b）に示すようにスイッチに MAC アドレスと VLAN の対応関係を記憶させておき，端末から受信するフレームの送信

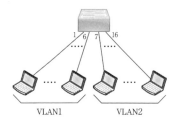

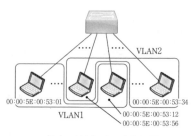

（a）ポートベース VLAN   （b）MAC ベース VLAN

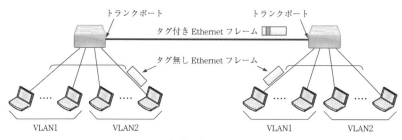

（c）タグ VLAN

図 4.10 VLAN の構成例

元 MAC アドレスからどの VLAN に属するかを判断する。ポートベース VLAN とは異なり，端末や物理ポートの接続を変更してもスイッチの設定変更は必要でない。

タグ VLAN では Ethernet フレーム内に VLAN タグと呼ばれる 4 バイトのフィールドを追加し，所属する VLAN の番号を明示的に表す。VLAN タグとそれを含むフレームを**図 4.11** に示す。タグ VLAN はおもにスイッチどうしを接続する場合に用いられる。スイッチどうしを接続するためのポートを**トランクポート**（trunk port）という。図 4.10（c）のようにスイッチのトランクポートどうしを 1 本のケーブルで接続し，そこに異なる VLAN（ポートベースまたは MAC ベース）のフレームが混在して流れると受信したスイッチはそれぞれのフレームがどの VLAN に属するかを判別できない。ポートベース VLAN や MAC ベース VLAN ではフレームそのものは VLAN に関する情報を持たないからである。そこでスイッチ間を転送する時には，図 4.11 に示す VLAN タグを付加

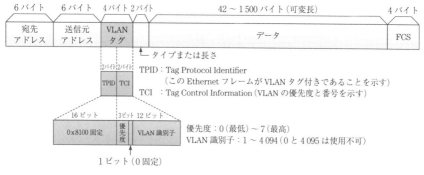

図4.11　VLAN タグ付きの Ethernet フレーム構成

して受信側で VLAN の識別ができるようにするのである。したがって，VLAN タグは，通常，送信側スイッチで挿入され，受信側スイッチで除去される。

4.10　無 線 LAN

4.10.1　無線 LAN の規格

無線 LAN は **IEEE802.11** として標準化されているが，それは複数の規格を含んでいる。規格には互いに互換性のあるものと，ないものがある。それぞれの規格は IEEE802.11 の後にアルファベットの小文字を付けて区別する。現在，一般によく用いられている規格には **IEEE802.11a**，**IEEE802.11b**，**IEEE802.11g**，**IEEE802.11n**，**IEEE802.11ac**，**IEEE802.11ax** がある。**表 4.1** にそれぞれの使用周波数帯，規格上の最大速度，チャネル幅，変調方式，互換性を示す[8]。1 次変調には第 2 章で述べた PSK や QAM のディジタル変調方式が用いられる。2 次変調には IEEE802.11b を除いて，すべて OFDM が用いられている。なお，表中の互換性とは，同じ周波数帯では互いに通信が可能であることを意味しており，通信速度は低いほうに合わせられる。

　電波の利用というものは基本的に認可制であり，国への申請とその認可が必要であるが，無線 LAN で用いられる 2.4 GHz 帯と 5 GHz 帯（の一部）は **ISM 帯**（ISM は Industrial，Scientific，Medical の略）と呼ばれ，一定出力以下であ

表 4.1 無線 LAN の規格[8]

規　格	IEEE802.11a	IEEE802.11b	IEEE802.11g	IEEE802.11n	IEEE802.11ac	IEEE802.11ax
周波数帯	5 GHz 帯	2.4 GHz 帯	2.4 GHz 帯	2.4 G/5 GHz 帯	5 GHz 帯	2.4 G/5 G/6 GHz 帯
最大速度	54 Mbps	11 Mbps	54 Mbps	600 Mbps	6.933 Gbps	9.6 Gbps
チャネル幅*	20 MHz	22 MHz	20 MHz	20, 40 MHz	20, 40, 80, 160 MHz	20, 40, 80, 160 MHz
1 次変調方式	BPSK, QPSK, 16-QAM, 64-QAM	DBPSK, DQPSK	BPSK, QPSK, 16-QAM, 64-QAM	BPSK, QPSK, 16-QAM, 64-QAM	BPSK, QPSK, 16-QAM, 64-QAM, 256-QAM	BPSK, QPSK, 16-QAM, 64-QAM, 256-QAM, 1024-QAM
2 次変調方式	OFDM	DSSS**	OFDM	OFDM	OFDM	OFDMA***
互換性	11n/ac/ax と互換	11g/n/ax と互換	11b/n/ax と互換	11a/b/g/ac/ ax と互換	11a/n/ax と互換	11a/b/g/n/ac と互換

* チャネル幅：ひとつの通信に使用する帯域幅　　** DSSS：Direct Sequence Spread Spectrum（直接拡散方式）
*** OFDMA：OFDM を利用する多元接続。複数のユーザがサブキャリアを共有する。

れば許可なしに用いてもよいことになっている。この周波数帯の電波は他の機器（たとえば電子レンジなど）からも発せられるので，使用にあたっては干渉への注意が必要である。なお，5 GHz 帯のある部分は日本では屋内においてのみ使用可能である。

　無線 LAN 機器の業界団体 **Wi-Fi Alliance**（ワイファイ　アライアンス）は相互接続性の試験を行っており，ここで認定された機器は **Wi-Fi** のロゴマークを使用することができる。なお，IEEE802.11n，IEEE802.11ac，IEEE802.11ax はそれぞれ Wi-Fi4，Wi-Fi5，Wi-Fi6 とも呼ばれる。

4.10.2　無線 LAN のフレーム

　無線 LAN のフレーム構成は，無線環境への対応や有線ネットワークへの接続などのために Ethernet よりも複雑になっている。**図 4.12** に無線 LAN の基本フレーム構成を示す。

　フレーム制御フィールドはいくつかのサブフィールドに分けられ，フレームの種別（管理／制御／データの区別）やフレームが流れる方向（端末→ネット

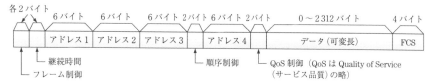

図 4.12 無線 LAN の基本フレーム構成

ワーク／ネットワーク→端末）などの情報が格納される。

継続時間フィールドには，通信に要する時間（フレーム送信開始から応答の受信完了まで）がマイクロ秒（10^{-6} 秒）単位で格納される。

アドレスフィールドは 4 か所ある。アドレス 1 には無線 LAN のフレームを受信する機器（AP または無線端末）の MAC アドレスが入り，アドレス 2 に

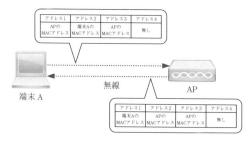

（a） 無線端末と AP が管理／制御フレームを送受信する場合

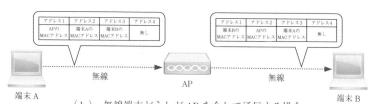

（b） 無線端末どうしが AP を介して通信する場合

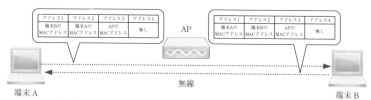

（c） 無線端末どうしが AP を介さずに直接通信する場合

図 4.13 無線 LAN フレームのアドレス使用方法（1）

は無線LANのフレームを送信する機器のMACアドレスが入る。アドレス3にはフレームを最終的に受信する機器（有線端末，無線端末，AP）のMACアドレス，フレームを最初に発した機器のMACアドレス，APのMACアドレスのいずれかが入る。アドレス4はAP間で無線通信が行われる場合にのみ用いられ，その他の場合はフレームから削除される。例として**図4.13**と**図4.14**にどのようにMACアドレスが格納されるかを示す。図4.13（a）は無線端末とAPが管理フレームや制御フレームを送受信する場合を示している。図4.13（b）は無線端末どうしがAPを介して通信する場合を示す。無線端末どうしは図4.13（c）のようにAPを介さずに直接通信することもある（Direct-Link Setup：DLS）。しかしそれにはAPを含めた手順が必要となる。図4.14（a）はAPどうしが有線（Ethernet）で接続されている場合を示す。APは無線LANのフレームとEthernetのフレームを相互に変換する機能を有している。図4.14（b）はAP間が無線で接続される場合を示している。図4.14（b）の端末A，端末Bは無線端末であってもよい。その場合の端末の送信，受信フレームのアドレスは図4.14（a）のようになる。

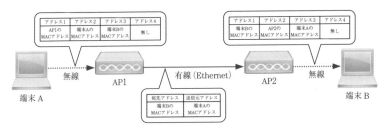

（a）　AP間が有線（Ethernet）で接続される場合

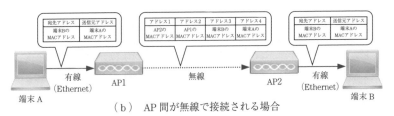

（b）　AP間が無線で接続される場合

図4.14　無線LANフレームのアドレス使用方法（2）

　順序制御フィールドにはフレームの通し番号が格納され，受信側でフレームの重複を検出するために使われる。データの最大長は2 312バイトとなっているが，無線LANは通常，Ethernetに接続されるため実際にはほとんどの場合1 500バイト以下である。

　FCSにはEthernetと同様の計算により誤り検出用の情報が格納される。

4.11　CSMA／CA

4.11.1　無線LANにおける媒体アクセス制御

　無線LANでは，端末は基本的にアクセスポイントを介して他の端末と通信を行う。空間というひとつの媒体を複数の端末とアクセスポイントが共有しているため，媒体アクセス制御が必要となる。無線LANでは**CSMA／CA**（Carrier Sense Multiple Access with Collision Avoidance）という方式が用いられる。

　CSMA／CAはEthernetのCSMA／CDに類似した方式であるが，異なる点も多い。他の通信が行われている時に送信を始めないところは同じであるが，その通信が終了した後すぐに送信を始めるCSMA／CDとは異なり，ランダムな時間待ってから送信を始める。また，CSMA／CAは送信中に衝突の検出は行わず，一度送信を始めたフレームは最後まで送り切ってしまう。受信側はフレームを正常に受信した後，送信側に確認応答（ACK）を返送することになっており，一定時間以内に応答が返らないフレームは再送される。

【問4.6】無線LANの通信は半二重通信と全二重通信のどちらか。

4.11.2　隠れ端末問題とその回避方法

　無線LANの媒体アクセス制御においてはCSMA／CAだけでは解決できない問題がある。**図4.15**（a）において4つの端末A〜DはすべてAPの電波到達範囲内にあり，APを介して互いに通信できる。しかし，端末Aと端末Dは互いにそれぞれの電波到達範囲外にある。つまり端末Aと端末Dは互いに相手

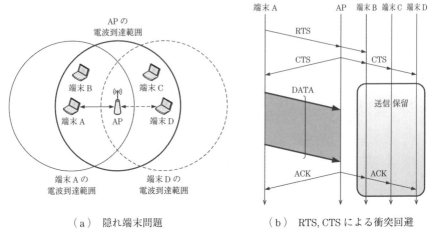

（a）　隠れ端末問題　　　　　　（b）　RTS, CTS による衝突回避

図 4.15　隠れ端末問題とその回避方法

の存在に気がつかない。いま，A がキャリア（空間）をセンスして通信が行われていないと判断し AP に向けて送信を開始したとする。その電波を端末 D は検出できないため端末 D も同時に AP に向けて送信を開始する可能性がある。その場合，AP において信号の衝突が発生し双方とも送信に失敗する。このような問題を**隠れ端末問題**（hidden terminal problem）という。隠れ端末問題は通信の効率を低下させる。また，隠れ端末問題は長いフレームを送る場合に発生する可能性が高くなる。

　隠れ端末問題を回避するために図 4.15（b）に示すように **RTS**（Request to Send）と **CTS**（Clear to Send）という制御フレームを利用する方法がある。端末 A はデータの送信に先立ち RTS フレームを送信し AP に送信の許可を求める。AP は送信を許可する場合，CTS フレームで応答する。CTS フレームには送信継続時間の指定値も含まれているため，これを受信した他の端末（B, C, D）はその時間だけ送信を保留する。端末 A は CTS フレームを受信すると指定された時間だけデータフレームを送信する。AP はそれを受信した後に応答（ACK）を送信する。これを受信した他の端末は送信の保留を解除することができる。

4.12 PAN

PAN（Personal Area Network）はおもに個人が利用する機器どうしを接続し
データを送受信するための小規模なネットワークである。通常，無線通信を利
用するネットワークを指すが，特にそれを明示する場合はWPAN（Wireless
PAN）と呼ぶ。PANに利用される無線通信技術としてBluetoothとZigBeeが
ある。

4.12.1 Bluetooth

無線LANが比較的高消費電力，高速の無線通信規格であるとすれば，
Bluetoothは短距離，低消費電力，低コスト，低速の無線通信規格であり，
おもにディジタル機器どうしの接続に利用される。たとえば，PCとマウス，
キーボード，スピーカ，マイク，ヘッドセットなどの周辺機器との接続を無線
化するために用いられている。BluetoothはIEEE802.15.1で標準化されてお
り，周波数は2.4 GHz帯を使用する。APのようなインフラを必要とせず手軽
に利用できるところが特長である。通信速度は3 Mbps未満，到達距離は10 m
未満が基本であるが，Bluetooth3.0では24 Mbpsの速度が可能である。
Bluetooth4.0では速度を1 Mbpsに抑えてさらに低消費電力化が行われ，
Bluetooth5.0では速度が2 Mbpsとなっている。2022年の時点で最新版は
Bluetooth5.3である。

4.12.2 ZigBee

ZigBeeはBluetoothよりもさらに低消費電力，低速度，低頻度の無線通信
規格である。この名称はミツバチ（bee）がジグザグに飛び回る様子に由来し
ている。ZigBeeの物理層とMAC層はIEEE802.15.4で標準化されているが，
それ以上の階層は業界団体の**ZigBeeアライアンス**が仕様を策定している。日
本国内では電波法の関係で2.4 GHz帯においてのみ使用が可能である。ZigBee

はスリープ時の消費電力が Bluetooth よりも小さい。さらにスリープからの復帰時間が短い。センサネットワークのようにノード数が多くスリープ時間が長く，かつ送信データが少ない利用シーンに適している。

演 習 問 題

【4.1】 MAC アドレスが枯渇する心配はないか検討せよ。ここで枯渇とは 48 ビットで表されるアドレスをすべて使い尽くし，新たに割り当てる MAC アドレスがなくなってしまうことを指す（ヒント：製造メーカは複数の OUI を申請・取得することができる）。

【4.2】 VLAN タグの前半 16 ビットが 0x8100 固定となっている理由を考えよ。

【4.3】 CSMA/CD と CSMA/CA の共通点と相違点を述べよ。

【4.4】 標準化中のものも含めて IEEE802.11 には他にどのような規格があるか調べよ。

第5章

IP とルーティング

IP（Internet Protocol）はネットワーク層に属するプロトコルであり，その役割は，送信元の端末から宛先の端末までパケットを送り届けることである。端末からネットワークの外部に送信された IP パケットは，途中いくつかの中継装置（ルータ）を経て宛先の端末に届けられる。IP パケットを送信し，受信するにはまず送信端末と受信端末を識別する情報，すなわち IP アドレスが必要である。これは手紙に宛先と差出人の住所・氏名が必要なことと同様である。また，IP パケットを転送するには途中の経路（通り道）が決まっていなければならない。IP パケットの経路を決定することを**ルーティング**（routing）という。本章では，IP アドレス，IP パケットの構成，ルーティングについて説明する。

5.1 IP アドレス

現在，IP にはバージョン 4 とバージョン 6 の 2 種類があり，それぞれ **IPv4**，**IPv6** と呼ばれる。IPv6 は，IPv4 の課題を解決するために作られたプロトコルであり，PDU の構成も異なる。したがって，両者の間には互換性がない。現在，IPv4 から IPv6 への移行が進みつつあるが，インターネット上では依然として IPv4 が多く用いられている。IPv4 の IP アドレスは 4 バイト（32 ビット）の数値であり，IPv6 の IP アドレスは 16 バイト（128 ビット）の数値である。

IP アドレスは「インターネット上の端末に付けられた住所である」という説明がなされることがある。これは間違いではないが正確でない。それは複数のネットワークインタフェースを有する端末も存在するからである。また，IP パケットを転送するルータは複数のインタフェースを持っている。**IP アドレ**

スを正確に表現するなら「ネットワークインタフェースに与えられる論理的識
別子」というべきである。最近では，1台の物理コンピュータの中に複数の仮
想コンピュータを構築することもあり，その場合は物理コンピュータとそれぞ
れの仮想コンピュータに別々のIPアドレスが与えられる。

5.1.1　IPアドレスの必要性

　インターネット上のすべてのコンピュータのインタフェースは，IPアドレ
スによって一意に識別されなければならない。機器のインタフェースを物理的
に識別するアドレスとしては，MACアドレスがある。MACアドレスは世界中
で重複することのないアドレスである。では，なぜこの2つのアドレスが必要
になるのであろうか。ひとつの理由は機器の物理的なアドレスと論理的なアド
レスは別であるという考えに基づいている。もうひとつは，MACアドレスだ
けでは情報の転送が不可能であるという事実に基づく。MACアドレスは機器の
工場出荷時に設定され基本的に変更されることはない。出荷された機器は世界
のどこに持ち出されて使われるかわからない。また，機器の交換や廃棄も頻繁
に行われる。世界中でそれをひとつひとつ追跡して宛先の場所を特定すること
は不可能である。したがって，世界全体→世界の中のある地域→国→ ISP →組
織または個人という順序で体系的に配布され，安定して使用できる論理的なア
ドレスがどうしても必要なのである。ルータはIPアドレスを見ることによって
宛先がおよそどこにあるかがわかり，パケットを転送することができる。IPア
ドレスは，ICANN → RIR → NIR → ISP →組織または個人という順序で配布さ
れる。連続するIPアドレスの集合（束）を小分けにして配っていくのである。

5.1.2　IPv4アドレスの構成

　IPv4のアドレスは4バイト（32ビット）の数値である。人間が32ビットの
2進数をそのまま表現し覚えるのは大変なので，通常は1バイトごとに区切っ
てそれぞれを10進数で表し，ドット（ピリオド）記号でつないで表現する。

たとえば，2進数で「11001011 00000000 01110001 00000001」と表されるアドレスは，「203.0.113.1」のように表現するのである。このような表記の仕方を**ドット付き 10 進表記**と呼ぶ。

　32 ビットの IP アドレスは，**図 5.1** に示すように前半と後半の 2 つの部分に分けられる。前半，後半といってもつねに中央で区切られるわけではない。後で述べるように境界はいろいろに変わり得る。IP アドレスの前半は，端末が属しているネットワークを表す。IP アドレスの後半は，そのネットワーク内のどのコンピュータ（インタフェース）であるかを表す。前者は**ネットワーク部**，後者は**ホスト部**と呼ばれる。ホスト（host）とは端末（コンピュータ）を意味する言葉である。

31   0

ネットワーク部　　　　　　　　ホスト部

図 5.1　IPv4 アドレスの構成

　IP アドレスの仕様が作られた時にクラスという概念が導入された。ネットワークをその規模で分類し，クラス A，クラス B，クラス C というアドレスのグループが作られた。ここでネットワークの規模とは「そこに何台の端末を収容することができるか」ということを意味する。アドレスの先頭が「0」で始まるものがクラス A で，ネットワーク部は 8 ビット，ホスト部が 24 ビットとなる。同様に先頭が「10」で始まるものがクラス B で，ネットワーク部が 16 ビット，ホスト部も 16 ビットである。先頭が「110」で始まるものが，クラス C でネットワーク部が 24 ビット，ホスト部が 8 ビットである。ホスト部に割り当てられるビット数が多いほど大規模なネットワーク，少ないほど小規模なネットワークということである。なお，クラス A，B，C 以外にマルチキャスト用のクラス D，将来のために予約されたクラス E という特別なクラスがある。それぞれのアドレスの構成を**図 5.2** に示す。このようにクラス分けされた IP アドレスを**クラスフルアドレス**（classful address）と呼ぶ。ネットワーク部とホスト部のビット数が決まると，表現できるネットワークの数（最大値）と

図 5.2 IPv4 クラスフルアドレスの構成

そこに収容できる端末の数（最大値）が決まる。**表 5.1** にクラスごとにネットワーク数とそこに収容できる端末の数を示す。ネットワークの数はネットワーク部に割り当てられるビット数から固定されている先頭部のビットを除いて表現できる最大値から決まる。

表 5.1　クラス A，B，C のネットワーク数と収容可能なホスト数

クラス	ネットワーク数*	ホスト数
A	126（$=2^7-2$）	16 777 214（$=2^{24}-2$）
B	16 382（$=2^{14}-2$）	65 534（$=2^{16}-2$）
C	2 097 150（$=2^{21}-2$）	254（$=2^8-2$）

* ネットワークアドレスの最大値と最小値は予約されており使用できない。

　IP アドレスのネットワーク部以外，つまりホスト部のすべてのビットを 0 にしたアドレスを**ネットワークアドレス**と呼ぶ。これはそのネットワークそのものを表すアドレスであり，そこに収容される個別の端末を表すものではない。そのネットワークに付けられた表札のようなものである。これとは反対にホスト部のすべてのビットを 1 にしたアドレスを**ブロードキャストアドレス**と呼ぶ。このアドレスはそのネットワーク内のすべての端末にパケットを送信す

る時に使用される。ブロードキャストアドレスも個別の端末に割り当てること
はできない。先に示した IPv4 アドレスの例「203.0.113.1」は先頭バイトの2
進表記が「110」で始まるから，クラス C のアドレスであり，ネットワークア
ドレスは「203.0.113.0」，ブロードキャストアドレスは「203.0.113.255」，個
別の端末（インタフェース）に割り当て可能なアドレス数は 254（$=2^8-2$）
となる。

　なお，IP アドレス「255.255.255.255」は送信端末がその所属するネット
ワーク内にブロードキャストする時に用いる特別な IP アドレスである。

【問 5.1】 IP アドレス「10010110 00011111 10110101 01000110」をドット付き 10 進表
記で表現せよ。

5.1.3　IPv4 アドレスの枯渇問題と CIDR

　IPv4 アドレスの仕様が決められた当初，すべての端末を識別するには 32
ビットあれば十分であると考えられていた。ところが，インターネットが広ま
るにつれて 32 ビットでは足りないことが明らかになってきた。32 ビットで表
現できる数値は 4 294 967 296（$=2^{32}$），すなわち約 43 億である。本書執筆時点
（2022 年）で地球の人口はすでに 80 億人を超えている。個人が複数の PC やス
マートフォンを持ち，すべてのモノがインターネットにつながる **IoT**（Internet
of Things）の時代には 43 億のアドレスでは足りないのである。このように
IPv4 のアドレスが不足し，新規に割り当てられなくなる問題を **IP アドレス枯
渇問題**という。

　アドレスが枯渇する原因のひとつにクラスフルアドレスの構造的な問題があ
る。たとえば，クラス A のアドレスを持つひとつのネットワークは，1 700 万
に近いホストを収容できるが，実際にそれほど多数のホストを収容する巨大な
ネットワークはあまりない。したがって，ネットワークにクラス A のアドレ
スが割り当てられても，ホストに使用されない大量のアドレスが発生しアドレ
スが無駄になる。そこでクラスという概念を撤廃し，ネットワーク部とホスト
部の境界を自由に設定することにより，IP アドレスを柔軟に割り当てようと

いう考えが生まれた。これを実現する仕組みが **CIDR**（Classless Inter-Domain Routing，サイダー）である。CIDR では，IPv4 アドレスを配布・指定する際にネットワーク部とホスト部の境界が指定される。ネットワーク部を**プレフィックス**（prefix）と呼び，プレフィックスの長さ（ビット長）はドット付き 10 進表記では最後に「/」（スラッシュ）を付けて表示する。たとえば，ネットワークアドレス「203.0.113.0/26」は先頭から 26 ビットがネットワーク部であり，残り 6 ビットがホスト部になる。したがって，62（$= 2^6 - 2$）個のアドレスを個別の端末に割り当てることができる。プレフィックス長はドット付き 10 進表記で表すこともある。その場合，ネットワーク部に相当するビットを「1」，ホスト部に相当するビットを「0」としてそれぞれのバイトを 10 進数で表し，ピリオドで連結する。プレフィックス「26」は 2 進数で「11111111 11111111 11111111 11000000」と表されるから，ドット付き 10 進表記では「255.255.255.192」となる。ネットワーク部とホスト部の境界をこのように表記したものを**サブネットマスク**（subnet mask）と呼ぶ。

　IP アドレス枯渇問題への対処法としては，CIDR 以外にプライベートアドレスと呼ばれる特別なアドレスの利用もあるが，それについては 5.5 節で述べる。

【問 5.2】 IP アドレス「203.0.113.1/28」に対応するネットワークアドレスとブロードキャストアドレスを表記せよ。

5.1.4　IPv4 アドレスの設定

　端末に IPv4 アドレスを設定する方法には，ユーザが手動で設定する方法とサーバが自動的に割り当てる方法の 2 通りがある。後者では端末とサーバとの間で通信が行われ，サーバからアドレスを指定される。この際に用いられるプロトコルが DHCP（Dynamic Host Configuration Protocol）であり，アドレス割り当てを行うサーバを DHCP サーバと呼ぶ。DHCP については第 7 章で詳しく述べる。

5.1.5　IPv6 アドレスの構成

IPv6 では IPv4 のアドレス枯渇問題を根本的に解決するためにアドレスの長さが 4 倍の 16 バイト（128 ビット）に拡大された。IPv6 では 2^{128} 個のアドレスを表すことができる。IPv4 の 2^{32} 個に比べると膨大な値であり枯渇する心配はない。IPv6 アドレスの構成を**図 5.3** に示す。

127		64	63		0
サブネットプレフィックス			インタフェース ID		

図 5.3　IPv6 アドレスの構成

IPv6 では IPv4 のネットワーク部に相当する部分を**サブネットプレフィックス**と呼び，ホスト部に相当する部分を**インタフェース ID** と呼ぶ。IPv6 も IPv4 と同様にプレフィックスがあり，これによってサブネットプレフィックスとインタフェース ID の境界が表されるが，通常のネットワークでは 64 ビットのサブネットプレフィックスが用いられる。IPv6 アドレスは IPv4 の 4 倍の長さを持つので，これを短く表記するためにドット付き 10 進表記とは異なる表記方法が用いられる。16 バイト（128 ビット）を 2 バイト（16 ビット）ごとに区切って，それぞれを 4 桁の 16 進数で表し，「:」（コロン）でつないで表現するのである。これを**コロン付き 16 進表記**と呼ぶ。「:」で区切られた部分（フィールド）がすべて 0 になり，そのようなフィールドが連続するところは「::」と省略してよいことになっている。ただし，「::」はひとつのアドレスの中で 1 回だけしか用いることができない。たとえば，先頭の 4 バイトが「00100000 0000 0001 00001101 10111000」であり，その後に「00000000」が 11 バイト続き，最後のバイトが「00000001」となっている IPv6 アドレスは「2001:0db8::0001」と表現される。また，フィールド内で先頭から続く 0 は省略できるというルールもあり，それを適用すると「2001:db8::1」となる。ただし，「::」は 1 回しか使えないというルールがあるため，アドレス中の「::」以外の離れたところに 0 が連続するフィールドがある場合，そこは「:0:」のように表記しなければならない。

5.1.6 IPv6 アドレスの設定

ユーザが手動で端末の IPv6 アドレスを設定することは通常はない。IPv4 と同様に DHCP サーバから自動設定できるが，サーバを用いずに自動設定する方法もある。IPv6 を使用する端末は，立ち上げ時に **NDP**（Neighbor Discovery Protocol）というプロトコルを用いて同じネットワーク内の IPv6 ルータを発見し，そこからサブネットプレフィックスの通知を受けることができる。通知されたサブネットプレフィックスを自身の端末に設定するのである。インタフェース ID は端末の MAC アドレスを利用して端末自身が設定する。MAC アドレスの 48 ビットは他の端末と重複することはなく，IPv6 のインタフェース ID（64 ビット）はそれを格納することができる。これにより他と重複することのない IPv6 アドレスが設定されるのである。

5.2 IP ネットワークの構成

端末から送信された IP パケットはネットワーク内を次々にリレーされて相手の端末に到着する。受信した IP パケットの宛先 IP アドレスを見て次の転送先を決めて送り出す装置がルータである。したがって，ルータはスイッチとは異なりネットワーク層までの処理を行う装置である。ルータとルータの間には IP パケットを物理的に中継する伝送装置が使われることもあるが，そうした装置は高々データリンク層までの機能しか持たない。**図5.4** に簡単な IP ネッ

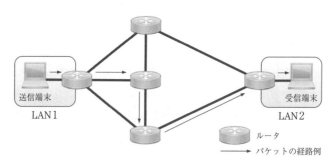

図5.4 IP ネットワークの例

トワークの例を示す。簡単のために端末とルータ間に存在する装置（LAN内のハブ，スイッチ等）やルータ間を中継する伝送装置は省略して描いている。矢印はパケットの経路の例を表している。

5.3 IPv4 パケット

図 5.5 に IPv4 パケットの構成を示す。この図では一続きの IP パケットを 4 バイトごとに改行して示している。

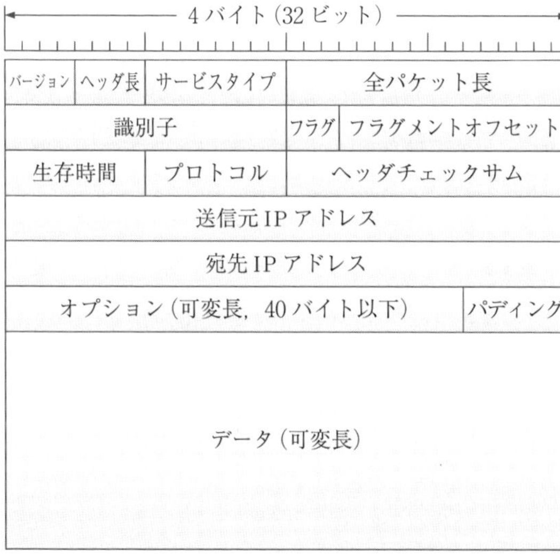

図 5.5 IPv4 パケットの構成

ヘッダの長さはオプション無しの場合は 20 バイトである。以下に各フィールドの定義を示す。

① バージョン（4 ビット）

IP プロトコルのバージョンが格納される。IPv4 では 4, すなわち 0100 である。

② ヘッダ長（4 ビット）

ヘッダの長さが格納される。4 バイトを 1 単位とするため，ヘッダ長 20 バイトの場合は 5, すなわち 0101 である。このフィールドの最大値は 15（1111）

であるから，ヘッダはオプションを含んでも 60 バイト以下となる。

③ サービスタイプ（8 ビット）

このフィールドにはパケットの優先度などに関する情報が格納される。最初の 3 ビットで優先度を表し，その他のビットは基本的に 0 とされる。優先度 000 がデフォルト（初期値）であり，数値が大きくなるほど高優先となる。すなわち最高優先は 111 である。優先度に続く 3 ビットに非零の値 010, 100, 110 のいずれかを入れてパケットの破棄レベルを表現することもある。大きな値ほどパケットは破棄されやすくなる。先頭から 6 ビットをこのように定義した場合，それは **DSCP**（DiffServe Code Point）と呼ばれる。DiffServe とは Differentiated Service の略でパケットを優先度でクラス分けすることを意味している。DSCP はパケットが最初に通過するルータで書き込まれる。最後の 2 ビットはネットワークの混雑緩和のために利用されることがある。サービスタイプフィールドの各ビットの定義を**表 5.2** にまとめて示す。

表 5.2 サービスタイプフィールドの各ビットの定義

ビット	内　容	使用方法
1〜3	優先度	デフォルトは 0 で値が大きいほど高優先。
4〜6	破棄レベル	デフォルトは 0 で値が大きいほど破棄されやすい。
7, 8	輻輳通知	ネットワークの混雑を受信端末に通知。

④ 全パケット長（16 ビット）

ヘッダを含めたパケット全体の長さ（バイト数）が格納される。最大値は 65 535（$=2^{16}-1$）バイトである。

⑤ 識別子（16 ビット）

送信端末でパケットに付与される通し番号が入る。初期値はランダムに決められる。IP パケットは下位層（データリンク層）の PDU のデータ部分に格納されて転送されるが，そこに格納できるデータ長には上限がある。これを **MTU**（Maximum Transmission Unit）と呼ぶ。たとえば Ethernet の MTU は 1 500 バイトである。MTU はデータリンク層のプロトコルによって異なる。ひとつの IP パケットはその経路上で MTU の小さな部分を通過する時に小さな

パケットに分割される必要があり，この処理を**フラグメント**（fragment）とい
う。分割はデータ部分に関して 8 バイトを単位として MTU に収まるように行
われる。フラグメントされたパケットのヘッダには同じ識別番号が格納され，
元のパケットを再構成する時に利用される。フラグメントは途中のルータ（中
継器）で必要に応じて行われ，複数回行われることもある。フラグメントされ
たパケットは受信端末において再構成される。途中のルータで再構成されるこ
とはない。フラグメントの様子を**図 5.6** に示す。

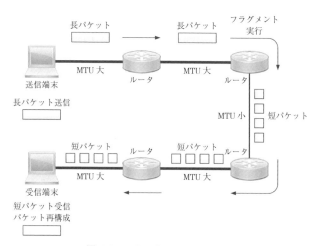

図 5.6 パケットのフラグメント

⑥ フラグ（3 ビット）

フラグメントの状態を示す。**表 5.3** にその定義を示す。

表 5.3 フラグフィールドの値と意味

値	意 味
000	フラグメントのない単一パケット，またはフラグメントされた最後のパケット
001	フラグメントされた最初のパケット，または途中のパケット
010	フラグメント禁止

⑦ フラグメントオフセット（13 ビット）

到着したフラグメントパケットのデータ部分がフラグメント前のデータの何

バイト目から始まるかを示す数値が格納される。したがって，フラグメントされた最初のパケットのオフセットは 0 である。フラグメントは 8 バイトを単位として行われるので，たとえば，このフィールドに 10 進数で 125 に相当する数値が入っていれば，そのパケットのデータ部分はフラグメント前のデータの1 000 バイト目から始まるということを意味する。

⑧ 生存時間（8 ビット）

生存時間（Time to Live：**TTL**）には送信端末で非零の初期値が格納され，ルータを経由するたびに 1 ずつ減算されていく。この値が 0 になるとパケットは廃棄される。生存時間はパケットがネットワーク内を永遠にさまようことを防ぐためにある。

⑨ プロトコル（8 ビット）

データ部分に格納される上位層 PDU のプロトコルを識別する番号が格納される。すなわち，IP パケットが何を運んでいるかを示す情報である。おもなもの 4 つを**表 5.4**に示す。

表 5.4　プロトコルフィールド

番　号	略　称	プロトコル名
1	ICMP	Internet Control Message Protocol
6	TCP	Transmission Control Protocol
17	UDP	User Datagram Protocol
89	OSPF	Open Shortest Path First

番号は 10 進表記

⑩ ヘッダチェックサム（16 ビット）

ヘッダ部分に関してチェックサムと呼ばれるある種の計算を行い，その結果を格納する†。受信したルータまたは端末は同じ計算を行い，ここに格納されている値と比較する。一致する場合は正常なパケットとみなして受信し，一致しない場合は破損したパケットとして廃棄する。

---

†　16 ビットごとの和を取り桁上がりであふれた 1 は LSB に足し込む。これを「1 の補数和」と呼ぶ。最後に 1 の補数和の 1 の補数（ビット反転したもの）を結果として格納する。

⑪ 送信元 IP アドレス（32 ビット）

送信端末の IP アドレスが格納される。

⑫ 宛先 IP アドレス（32 ビット）

宛先端末の IP アドレスが格納される。

⑬ オプション

追加情報が入る。通常使われることはない。

⑭ パディング

オプションフィールドが使われる場合，ヘッダ長が 4 バイトの整数倍となる
ように 0 が挿入される。

【問 5.3】 IPv4 パケットのヘッダの中でルータを経由するたびに必ず書き換えられる
フィールドはどこか。

5.4　**IPv6 パケット**

図 5.7 に IPv6 パケットの構成を示す。基本ヘッダの長さは 40 バイトであ
る。以下に各フィールドの定義を示す。

① バージョン（4 ビット）

IPv6 では 6，すなわち 0110 が格納される。

② トラフィッククラス（8 ビット）

IPv4 のサービスタイプフィールドに相当する。先頭 6 ビットは DSCP，残り
2 ビットはネットワークの混雑緩和のために利用される。

③ フローラベル（20 ビット）

フローとは端末間をある関係を持って流れる一連のパケットのことである。
フローに対してルータで特別な処理を行う場合にこのフィールドの情報が使わ
れる。

④ ペイロード長（16 ビット）

ペイロードとはデータ部分のことである。ペイロード長はその長さ（バイト
数）を示す。IPv4 の全パケット長はヘッダを含むが，IPv6 のペイロード長は

図 5.7　IPv6 パケットの構成

基本ヘッダを除くすべて（拡張ヘッダ＋データ）の部分の長さを表す。

⑤　次のヘッダ（8 ビット）

データ部分の先頭に IPv6 の拡張ヘッダがある場合はその種別を示す。拡張ヘッダは IPv4 のオプションに相当するフィールドであり，パケットの経路指定や認証などに関する情報が格納される。目的別にいくつかの拡張ヘッダが定義されている。拡張ヘッダはさらに次の拡張ヘッダを指定することもできる。拡張ヘッダがない場合は，IPv4 のプロトコルフィールドと同じ番号を用いてデータ部のプロトコルを示す。

⑥　ホップリミット（8 ビット）

IPv4 の生存時間に相当する情報が格納される。

⑦　送信元 IP アドレス（128 ビット）

送信端末の IPv6 アドレスが格納される。

⑧ 宛先 IP アドレス（128 ビット）

宛先端末の IPv6 アドレスが格納される。

IPv6 ではヘッダチェックサムは削除されている。それは上位層における誤り検出処理と重複するからである。また，パケットの送信前に経路上の最小 MTU を探索するため，途中のルータにおいてフラグメントは行われない。このように IPv6 パケットではヘッダの中身を簡素化し，端末やルータにおける処理の負荷を軽減している。

5.5　アドレス変換技術

5.5.1　プライベートアドレスと NAT

ICANN を頂点として，体系的に配布される IP アドレスを**グローバルアドレス**（global address）と呼ぶ。グローバルアドレスはインターネットの通信では必要不可欠である。これに対して，ある組織のネットワーク（たとえば LAN）の内部で自由に使用できる IP アドレスがある。これを**プライベートアドレス**（private address）と呼ぶ。プライベートアドレスは組織の内部に閉じる通信だけに利用され，外部との通信には用いられない。したがって，プライベートアドレスは異なる組織間では重複しても構わない。電話の内線番号のようなものである。

プライベートアドレスには 3 つのクラスがあり，それぞれアドレスの範囲が決まっている。**表 5.5** にプライベートアドレスのクラスとそれぞれのアドレスの範囲を示す。クラス A，B，C のネットワーク部はそれぞれ 8 ビット，12 ビット，16 ビットが基本であるが，CIDR のようにプレフィックス（あるいは

表5.5　プライベートアドレス

クラス	アドレスの範囲
A	10.0.0.0～10.255.255.255
B	172.16.0.0～172.31.255.255
C	192.168.0.0～192.168.255.255

サブネットワーク）を指定して小さなネットワークに分割することも可能である。

　プライベートアドレスを割り当てられた端末が外部との通信を行う場合，パケット内のプライベートアドレスをグローバルアドレスに変換する必要がある。この変換処理は通常，ネットワークの出入り口に設置されたルータ等の装置で行われ，**NAT**（Network Address Translation）または **NAPT**（Network Address Port Translation）と呼ばれる。NAT では IP アドレスの変換のみが行われ，NAPT では IP アドレスの変換に加え，上位のトランスポート層の識別番号（ポート番号）も参照し必要に応じてこれも変換される。NAT はプライベートアドレスとグローバルアドレスを 1 対 1 に変換するため，複数のプライベートアドレスがひとつのグローバルアドレスを同時に共有することはできない。これに対して NAPT では複数のプライベートアドレスがひとつのグローバルアドレスを同時に共有することができる。それは上位層の識別番号（ポート番号）を利用することで，同じグローバルアドレスを用いる複数の論理的接続関係（コネクションやセッション）を区別できるからである。プライベートアドレスと NAT あるいは NAPT を用いればグローバルアドレスを節約して使用することができるため，IPv4 のアドレス枯渇問題を緩和することができる。なお，NAPT は **IP マスカレード**（IP masquerade）とも呼ばれる。

　IPv6 にもプライベートアドレスに相当するものがあり，それを**リンクローカルアドレス**と呼ぶ。リンクローカルアドレスのサブネットプレフィックスは「fe80::/64」固定である。

5.5.2　IPv4 アドレスと IPv6 アドレス

　IPv4 と IPv6 は異なるプロトコルであり互換性はない。したがってそれぞれのネットワークは別のネットワークである。将来的には IPv6 のネットワークに統合されていくとしても，過渡期にあたる現在は両方のネットワークが共存し，その間でデータの転送ができなければならない。そのために IPv6 パケットを IPv4 パケットのデータ部分としてカプセル化する方法（IPv6 over IPv4），

逆にIPv4パケットをIPv6のペイロード部分としてカプセル化する方法（IPv4 over IPv6）などが用いられる。

5.6　ルーティングプロトコル

　パケットの経路を定めることをルーティングと呼ぶことはすでに述べた。ルーティングに対して，経路に沿って実際にパケットを転送することを**フォワーディング**（forwarding）と呼ぶ。この2つの言葉は区別しなければならない。ルータはルーティングとフォワーディングを行う装置である。

5.6.1　ルーティングの方式

　ルータに手動で経路情報を設定する方法を**スタティックルーティング**（静的経路制御）と呼ぶ。スタティックルーティングは，ネットワークの規模が非常に小さい時は可能であるが，規模が大きくなると困難になる。それはネットワークの接続変更のたびに人手によって設定変更を行わなければならないからである。そこで人手を介さずに自動的にルーティングを行う方法が必要になる。これを**ダイナミックルーティング**（動的経路制御）と呼ぶ。ダイナミックルーティングではルータどうしが通信を行ってネットワークの接続情報を交換し，適切な経路を決定する。その際に使われるプロトコルが**ルーティングプロトコル**（routing protocol）である。各ルータは手動設定またはルーティングプロトコルによって決まった経路をテーブルの形で保持している。これを**ルーティングテーブル**と呼ぶ。ルーティングテーブルには宛先のネットワークと次に転送すべきルータのIPアドレスが書かれている。**図5.8**にネットワークの例と各ルータが保持するルーティングテーブルを示す。この図でたとえばIPアドレスが128.1.1.1/24の端末から128.1.4.1/24の端末に向かうIPパケットはR1，R3，R4のルータを経由して宛先まで転送される。

【**問5.4**】図5.8において128.1.3.0/24に収容できる端末の台数はいくつか。

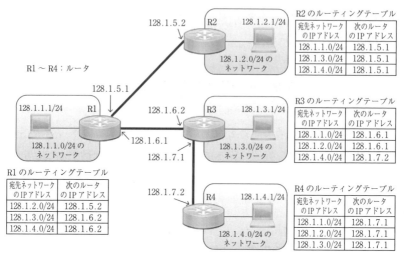

図 5.8 ネットワークとルーティングテーブルの例

5.6.2 IGP と EGP

ひとつの管理規則に従って管理されるネットワークのことを **AS**
（Autonomous System，自律システム）という。ISP，通信事業者，大企業などが
AS を所有している。AS の内部には複数のルータが存在する。各 AS には 16
ビットまたは 32 ビットの識別番号（**AS 番号**）が割り当てられている。AS 番
号の割り当ては IP アドレスと同様に ICANN を頂点として体系的に行われる。

AS の内部では効率を優先したルーティングが行われる。すなわち，IP パケッ
トを最短時間，最小コストで宛先まで転送するように経路が決定される。これ
に対して AS 間をつなぐルーティングでは，効率だけではなく政策的な条件も
加味して経路が決定される。たとえば，いくつかの AS を経由して宛先の AS
までパケットを転送する場合，途中に通過させたくない AS があれば，たとえ
回り道になるとしてもそこを迂回するように経路を決定しなければならない。

ルーティングプロトコルは，AS 内部のルーティングに使用されるものと AS
間のルーティングに使用されるものに大別される。前者を **IGP**（Interior
Gateway Protocol），後者を **EGP**（Exterior Gateway Protocol）と呼ぶ。IGP や

EGP という言葉は，それぞれのルーティングプロトコルの総称であって具体的なプロトコルの名称ではない†。IGP としては具体的に RIP（Routing Information Protocol）や OSPF（Open Shortest Path First）などがあり，EGP としては BGP（Border Gateway Protocol）がある。

5.6.3 RIP

RIP はインターネットの初期から使われている古いプロトコルであり，現在でも小規模なネットワークでは使用されている。RIP はアルゴリズムが単純で実装しやすいという長所を持つが，収束が遅いという短所がある。収束とはネットワーク全体で最適な経路が定まり安定することである。

RIP では**距離ベクトル型**（distance vector）と呼ばれるアルゴリズムが用いられる。このアルゴリズムでは，各ルータは隣接するルータのみと一定周期（30 秒）で経路情報を交換する。RIP における経路情報とは，どのネットワークに何ホップで到達できるかという情報である。**ホップ**とはパケットを隣接するルータに転送することであり，ホップ数とはその回数である（RIP では最大 15）。ルータ間で接続情報の交換を繰り返すことによって，隣接ルータの先に存在するネットワークとそこに到達するまでのホップ数がわかるようになる。

図 5.9（a）のネットワーク構成において RIP が具体的にどのように動作するかを示す。N1 から N4 はネットワーク，R1 から R4 はそれぞれのルータとする。図 5.9（b）の表は経路情報交換前に各ルータが持っている情報を示している。表の中の数字がホップ数，その下が転送先のルータを示す。簡単のため各ルータは隣接するネットワークには 1 ホップで到達できることをあらかじめ知っているとする。図 5.9（c）は（b）の状態から経路情報を 1 回交換した後の各ルータの情報を示している。R1 は R2 から 1 ホップで N3，N4 に到達できることを知らされる。このため N3，N4 宛てのパケットは R2 に転送することによって 2 ホップで到達できることがわかる。同様に R3，R4 も N1 宛ての

---

† かつて EGP（Exterior Gateway Protocol）という名称のプロトコルがあったが現在は使われていない。

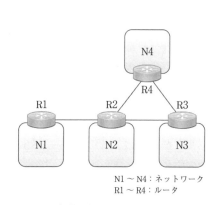

	N1	N2	N3	N4
R1	0	1	—	—
	—	R2	—	—
R2	1	0	1	1
	R1	—	R3	R4
R3	—	1	0	1
	—	R2	—	R4
R4	—	1	1	0
	—	R2	R3	—

（b）　経路情報交換前

	N1	N2	N3	N4
R1	0	1	2	2
	—	R2	R2	R2
R2	1	0	1	1
	R1	—	R3	R4
R3	2	1	0	1
	R2	R2	—	R4
R4	2	1	1	0
	R2	R2	R3	—

N1 〜 N4：ネットワーク
R1 〜 R4：ルータ

（a）　ネットワーク構成　　　　　　　（c）　経路情報交換後

図 5.9　RIP によるルーティング

パケットは R2 に転送すれば 2 ホップで到達できることがわかる。その後の情報交換で R3 は R4 を経由しても N1 に到達できることを知るが，その場合は 3 ホップとなるため転送先は R2 のまま変更しない。同様に R4 も R3 を経由して N1 に到達できることを知るが転送先は R2 のままとする。このように情報交換を続けることにより異なる転送先の候補を知ることができるが，つねに最小ホップ数で到達するように転送先が決定される。なお，初期の RIP は可変長のサブネットマスク（Variable Length Subnet Mask：**VLSM**）を扱うことができなかったが，改訂後の RIP2 は扱うことができるようになっている。RIP2 ではネットワークアドレスはサブネットマスクとともに隣接ルータに通知される。

RIP の経路情報は次章で述べる UDP 上で交換される。

5.6.4　**OSPF**

OSPF は広く使われている IGP である。OSPF は RIP よりもアルゴリズムが複雑であるが，収束が速いという特長を持っている。OSPF の PDU は直接 IP パケットにカプセル化されて転送される。

OSPF では**リンクステート型**（link state）と呼ばれるアルゴリズムが用いられる。リンクとは隣接ルータ間を接続する伝送路のことであり，各リンクにはコストと呼ばれる数値（**リンクコスト**）が与えられる。このアルゴリズムでは，隣接ルータとの接続状態（リンクステート）がネットワーク内の他のすべてのルータに一定周期で通知される。通知される情報にはサブネットマスクも含まれる。リンクステート型アルゴリズムでは，各ルータはネットワーク内のすべての接続関係を把握することができ，宛先のルータまで最小コストで到達するための転送先を決定することができる。

　経路の決定には**ダイクストラのアルゴリズム**（Dijkstra's algorithm）が用いられる。ダイクストラのアルゴリズムは送信元から宛先に向かって経路を伸ばしていき，その過程でより低コストで到達できる経路が見つかった場合，それに置き換えていく探索的なアルゴリズムである。各ルータは独立して転送先の決定を行うが，同じ情報と同じアルゴリズムを用いているため，結果に矛盾が発生することはない。図5.9（a）のネットワークのリンクにコスト情報を与えて OSPF でルーティングを行うと，経路は**図5.10**の太線のようになる。R2と R3 の間のリンクコストは 7 であり，R4 を経由して転送する場合のリンクコストは 5（＝3+2）である。したがって N2 と N3 の間は R4 を経由して結ばれることになる。

　図5.10 の場合はどのネットワークを送信元としても最小コスト経路は同じであるが，一般にはそれぞれの最小コストの経路は送信元によって異なる。た

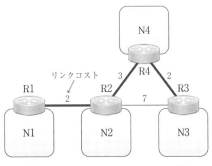

図5.10　OSPF によるルーティング

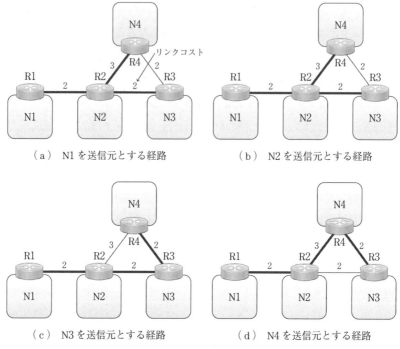

（a） N1 を送信元とする経路   （b） N2 を送信元とする経路

（c） N3 を送信元とする経路   （d） N4 を送信元とする経路

図 5.11   各ネットワークからの最小コスト経路

とえば R2 と R3 の間のリンクコストを 7 から 2 に変えると**図 5.11**（a）〜（d）のようになる。

【**問 5.5**】 OSPF においてリンクコストは通常，伝送速度に逆比例するように付与される。これはなぜか。

5.6.5 BGP

BGP は AS 間のルーティングに用いられる[9]。現在のバージョンは 4 でBGP4 と呼ばれる。BGP は信頼性を重視するプロトコルであり，次章で述べるTCP コネクション上で経路情報の伝達が行われる。BGP が搭載されたルータを BGP スピーカと呼び，それらが互いにやり取りする経路情報（メッセージ）を BGP メッセージという。一般に BGP の経路は多数あるため，その伝達においては差分通知が行われる。すなわち経路の削除や追加があった時にその情報

のみが通知される。また，TCP コネクションがつねに確立されていることを確認するために，差分通知がない場合は**キープアライブ**（keep alive）というメッセージを定期的に交換している。BGP では**パスベクトル型**（path vector）と呼ばれるアルゴリズムが用いられる。このアルゴリズムでは目的のネットワークに到達するまでに経由する AS 番号の列を隣接する AS 間で次々に伝えていく。

　図 5.12 に示すような 3 つの AS からなるネットワークを考え，BGP でどのように経路情報が伝わるかを見てみよう。各 AS にはそれぞれ 4 台の BGP スピーカ（ルータ）がある。隣接する AS に直接接続されるルータを**境界ルータ**（図 5.12 では 1d, 2a, 2c, 3b），それ以外のルータを**内部ルータ**と呼ぶ。いま，AS3 の内部ルータ 3d の配下にネットワーク N があるとする。経路情報を伝えるために各ルータは他のルータと TCP コネクション（ポート番号 179）を確立しなければならない。これを BGP コネクションと呼ぶ。隣接する AS 間の BGP コネクションを **EBGP**（External BGP）コネクション，AS 内部のコネクションを **IBGP**（Internal BGP）コネクションという。IBGP のコネクションはすべての内部ルータ間でメッシュ状に確立され，ネットワークの情報を交換している。

　この状態でルータ 3b はルータ 2c に対して EBGP で＜ AS3 N ＞を送信する。これは AS3 内にネットワーク N があることを示すものである。AS3 には具体

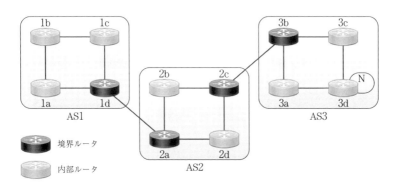

図 5.12　3 つの AS で構成されるネットワーク（1）

的な AS 番号，N には具体的なネットワークアドレスが入る。この情報は AS2
内部の IBGP で AS2 内の全ルータに伝わる。ルータ 2a はルータ 1d に対して
EBGP で＜ AS2 AS3 N ＞を送信する。これは AS2 を経由して AS3 に到達でき，
AS3 内にネットワーク N があることを示すものである。EBGP で得た情報は
IBGP でそれぞれの AS 内の全ルータに伝わる。

　ネットワーク構成が変われば伝わる経路情報も変わる。たとえば**図 5.13** の
ようにルータ 1c とルータ 3b が直結されていれば，AS1 には＜ AS2 AS3 N ＞
に加えて＜ AS3 N ＞の経路情報も伝わる。したがって，たとえばルータ 1a か
らネットワーク N に至る経路は AS2 を経由するものと AS2 を経由しないもの
の 2 つが存在することになる。どちらを選ぶかは政策的な判断を加えて決定さ
れるが，その際に BGP が利用する情報が経路の属性（**パス属性**）である。パ
ス属性は BGP メッセージの中に経路ごとに含まれている。BGP 属性の中で特
に重要なものは **NEXT_HOP**，**AS_PATH**，**LOCAL_PREF** である。BGP メッ
セージにはもちろんこれらに加えて宛先のネットワークアドレスが含まれる。
NEXT_HOP は次の AS の境界ルータの IP アドレスである。AS_PATH は宛先ネッ
トワークに至る AS 番号の列である（上の例では＜ AS2 AS3 ＞や＜ AS3 ＞）。
BGP メッセージには宛先ネットワークアドレス，NEXT_HOP，AS_PATH，
LOCAL_PREF がセットで含まれている。この他の属性もいろいろあるがここ
では省略する。

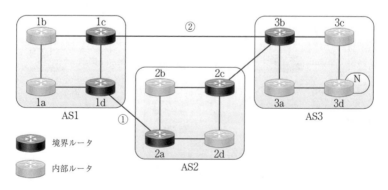

図 5.13　3 つの AS で構成されるネットワーク（2）

図5.13のAS1内部のすべてのルータはBGPによって**表5.6**の経路情報を共有することになる。LOCAL_PREF（Local Preference）はASの管理者が境界ルータに設定する非負の整数値でIBGPによってAS内を伝搬する。経路決定において最も重視される属性であり，LOCAL_PREFの値が大きいほどその経路が選ばれやすくなる。LOCAL_PREFが同じ複数の経路がある場合は，AS_PATH長の短い経路が選ばれる。さらにAS_PATH長も同じ場合は，パケットが最短でそのASから抜け出す経路が選ばれる（これを**ホットポテトルーティング**（hot potato routing）と呼ぶ）。たとえば，ルータ1dと1cのLOCAL_PREFが表5.6のようにそれぞれ300，100に設定されれば，ルータ1aからNに向かうパケットは①の経路をたどる。LOCAL_PREFが同じ場合はAS_PATH長の短い②の経路が選ばれる。

表5.6　AS1内部で共有される経路情報

経　路	宛　先	NEXT_HOP	AS_PATH	LOCAL_PREF
①	N	2a	AS2 AS3	300
②	N	3b	AS3	100

（注）Nはネットワークアドレス，2a, 3bは左端インタフェースのIPアドレス

5.7　SDN

ルーティングプロトコルによる経路制御は分散制御である。すなわち，各ルータが情報を交換することによりそれぞれが独立に経路を決定し，全体として整合が取れるようになっている。中央に司令塔に相当する装置があって，その指示のもとに経路が決定されているのではない。従来の方法では各装置に初期設定を行う必要があり，手間も時間もかかる。すなわちネットワーク管理のコストが高い。また，人手による設定変更が必要となる場合もある。

近年ではこのような管理上のコストを削減し，かつネットワークの状況やネットワークの変更・拡張に応じてより柔軟に経路制御を行うために集中制御の考え方を取り入れるようになってきた。すなわち，ネットワークの1か所に

制御装置（SDN コントローラ）を置き，そこに各装置やパケットの情報を集め，制御装置のソフトウェアが全装置を集中的に制御する方式である。この方式では制御装置のソフトウェアを変更するだけでネットワーク全体の制御を変更することができる。このようなことを実現する技術を **SDN**（Software Defined Network）と呼ぶ。SDN ではネットワーク上のデータ信号の流れと制御信号の流れが論理的に分離される。前者を**データプレーン**（data plane），後者を**制御プレーン**（control plane）と呼ぶ。**図 5.14** に SDN によるネットワークの例を示す。

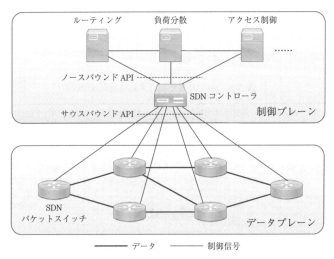

図 5.14 SDN によるネットワークの例

図 5.14 において，制御プレーンの SDN コントローラがデータプレーンの SDN パケットスイッチから情報（装置の情報およびデータリンク層からトランスポート層までの PDU のヘッダ情報等）を収集し，これらを集中的に制御する。SDN コントローラはルーティング，負荷分散，アクセス制御等を行うアプリケーションと接続される。SDN コントローラが SDN パケットスイッチを制御する API（Application Interface）をサウスバウンド API（southbound API），制御アプリケーションとの API をノースバウンド API（northbound API）と呼ぶ。サウスバウンド API は非営利団体 Open Networking Foundation（ONF）

によって標準化が行われており，そのプロトコルは **OpenFlow** と呼ばれる。

5.8　MPLS

　MPLS（Multi-Protocol Label Switching）は，パケット転送の高速化ととも
に柔軟な経路制御を行うために用いられるプロトコルである。MPLS のネット
ワークでは入り口（ingress）で IP パケットの先頭に**ラベル**（label）という情
報（一種のヘッダ）を付加する。ネットワーク内では MPLS ルータ（Label
Switching Router：**LSR**）がラベルのみを見て転送先を決定する。そのため
MPLS ネットワーク内ではハードウェアによる高速なパケット転送が可能とな
る。出口（egress）においてラベルは削除され通常の IP パケットに戻される。
最近では高速化の目的よりもラベル付与の方法によって経路を柔軟に制御する
ことの比重が高まっている。たとえばパケットが混雑している経路を避けて別
経路を経由するように制御するようなことが行われる。このような経路制御を
トラフィックエンジニアリング（traffic engineering）という。**図 5.15** に MPLS
ネットワークの例を示す。

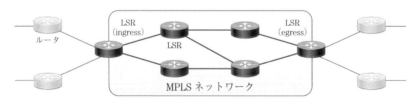

図 5.15　MPLS ネットワークの例

5.9　ICMP

　ICMP（Internet Control Message Protocol）はネットワーク層に属するプロ
トコルであり，その PDU（メッセージ）は IP パケットに格納されて転送され
る。IPv4 用と IPv6 用の 2 つの ICMP がある。送信元から送り出された IP パ

ケットが何らかの理由により途中のルータで破棄された場合，ICMP は送信元
の端末に対してエラーメッセージを送る。エラーメッセージには IP パケット
が破棄された理由が含まれている。ICMP には他にもいろいろな機能があり，
ユーザがコマンドでそれを用いれば送信端末から宛先端末への到達確認，宛先
との往復時間の測定などを行うことができる。ネットワークの状況を調査する
ために利用することができるのである。図5.16 に ICMP メッセージの構成を
示す。また，表5.7 に IPv4 の ICMP（ICMPv4）の各メッセージを示す。

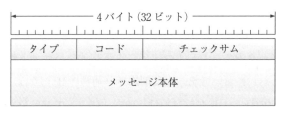

図5.16 ICMP メッセージの構成

表5.7 ICMPv4 のメッセージ

タイプ（10 進）	メッセージ	内　容
0	Echo Reply	Echo Request メッセージが到着したことを送信元に知らせる。
3	Destination Unreachable	パケットが宛先に到達できないことを送信元に知らせる。
4	Source Quench	送信元に送信の中断または送信速度の低減を要求する。
5	Redirect	送信元にパケットのルート変更を要求する。
8	Echo Request	宛先に本メッセージへの応答を要求する。
11	Time Exceeded	パケットの TTL が 0 になり破棄されたことを送信元に伝える。
12	Parameter Problem	IP パケットのパラメータに異常が検出されたことを送信元に知らせる。
13	Timestamp Request	宛先端末の現在時刻を要求する。
14	Timestamp Reply	Timestamp Request メッセージの受信時刻と返信時刻を知らせる。
17	Address Mask Request	サブネットマスクを要求する（端末から同一ネットワークのルータに送信する）。
18	Address Mask Reply	サブネットマスクを応答する。

演 習 問 題

【5.1】 192.168.0.0/23（サブネットマスク 255.255.254.0）の IPv4 ネットワークにおいて，ホストとして使用できるアドレスの個数の上限はいくらか。
　　　　ア　23　　　イ　24　　　ウ　254　　　エ　510
　　「出典：平成31年度 春期 基本情報技術者試験 午前 問32」

【5.2】 IPv6 アドレスの表記として，適切なものはどれか。
　　　　ア　2001:db8::3ab::ff01　　　イ　2001:db8::3ab:ff01
　　　　ウ　2001:db8.3ab:ff01　　　エ　2001.db8.3ab.ff01
　　「出典：令和4年度 春期 応用情報技術者試験 午前 問31」

【5.3】 IPv4 ネットワークにおける OSPF の仕様に当てはまるものはどれか。
　　　　ア　経路選択に距離ベクトルアルゴリズムを用いる。
　　　　イ　異なる自律システム（ルーティングドメイン）間でのルーティング情報交換プロトコルである。
　　　　ウ　サブネットマスク情報を伝達する機能があり，可変長サブネットに対応している。
　　　　エ　到達可能なネットワークは最大ホップ数15という制限がある。
　　「出典：平成27年度 秋期 ネットワークスペシャリスト試験 午前Ⅱ 問4」

【5.4】 MPLS の説明として，適切なものはどれか。
　　　　ア　IP プロトコルに暗号化や認証などのセキュリティ機能を付加するための規格である。
　　　　イ　L2F と PPTP を統合して改良したデータリンク層のトンネリングプロトコルである。
　　　　ウ　PPP データフレームを IP パケットでカプセル化して，インターネットを通過させるためのトンネリングプロトコルである。
　　　　エ　ラベルと呼ばれる識別子を挿入することによって，IP アドレスに依存しないルーティングを実現する，ラベルスイッチング方式を用いたパケット転送技術である。
　　「出典：平成28年度 秋期 ネットワークスペシャリスト試験 午前Ⅱ 問9」

第 6 章

TCP と UDP

TCP と UDP はともにトランスポート層に属するプロトコルである。いずれか一方を選択して IP と組み合わせて用いられる。TCP は通信に信頼性を与えるという重要な役割を担っている。本章では TCP について詳細に述べる。UDP についてはその役割と PDU の構成について述べる。

6.1 ポ ー ト 番 号

コンピュータ内で動いているプログラム、すなわち実行中のプログラムのことをプロセスということはすでに述べた（3.2.2項参照）。稼働中のコンピュータ内には、通常、多くのプロセスが存在し活動している。コンピュータ通信は異なるコンピュータのプロセスとプロセスの間の通信である。MAC アドレスと IP アドレスを用いれば、宛先のコンピュータを指定し、情報を送り届けることは可能である。しかし、宛先のコンピュータ内のどのプロセスに情報を届ければよいかを指定することはできない。送信元および宛先のプロセスを指定するための識別子が**ポート番号**である。MAC アドレス、IP アドレスに続く第3のアドレスといってもよい。ポート番号は 2 バイト（16 ビット）の数値で表される。送信元のプロセスは送信元ポート番号、宛先のプロセスは宛先ポート番号で指定される。ポート番号は次節以降に述べる TCP と UDP のヘッダ内に格納される。

　インターネットでよく用いられるアプリケーションの宛先ポート番号は決まっており、これを**ウェルノウンポート番号**（well-known port number）とい

う。**表6.1**にウェルノウンポート番号の例を示す。ウェルノウンポート番号
は，通常，サーバ側のポート番号となる。クライアント側のポート番号は，通
信のセッションごとにランダムに選ばれる。これを**エフェメラルポート番号**
（ephemeral port number）という。エフェメラルとは，「短命な，つかの間の，
はかない」といった意味である。

表6.1　ウェルノウンポート番号の例

ポート番号	プロトコル名	目　的
20	FTP（データ）	ファイル転送
21	FTP（制御）	
22	SSH	リモートログイン（暗号文）
23	TELNET	リモートログイン（平文）
25	SMTP	電子メール送信
80	HTTP	Web 閲覧
110	POP3	電子メール受信
143	IMAP4	電子メール受信
179	BGP4	AS 間ルーティング

　図6.1に示すように送信元 IP アドレス，送信元ポート番号，宛先 IP アドレ
ス，宛先ポート番号の4つの組合せによってプロセス間の論理的な接続関係は
一意に定まる。4つの番号のうちひとつでも異なれば別の接続関係とみなされ
る。

　なお，次節以降で述べる TCP または UDP を用いる通信において，データの
論理的な受け渡し口のことを**ソケット**（socket）と呼ぶ。ソケットは IP アド
レスとポート番号を含むいくつかの属性を持ち，システムコールによって生成
される。**システムコール**とはアプリケーションプロセスがオペレーティングシ
ステム（Windows などの基本ソフトウェア）に処理を依頼する命令のことであ
る[14]。データは送信側のソケットに送り込まれ，ネットワークを経由して受信
側のソケットから取り出される。プロセス間通信を行うアプリケーションプロ
グラムにはソケットの生成，ソケットを利用する送受信，ソケット削除のシス
テムコール（あるいはそれに相当する命令）が記述されていなければならない。

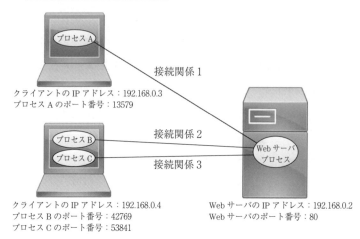

図 6.1　ポート番号による接続関係の識別

6.2　TCP の 役 割

TCP（Transmission Control Protocol）はトランスポート層に属し，端末の
アプリケーションが使用するプロトコルである。TCP の第 1 の役割はデータ
を確実に相手に届ける，すなわち通信に信頼性を与えるということである。ま
た，ポート番号により送受信するプロセスを指定・識別する役割も持ってい
る。TCP はコネクション型のプロトコルである。すなわち，通信を開始する
にあたり，宛先と送信元の間に論理的接続関係に相当する **TCP コネクション**
を確立し，通信中はそれを維持する。通信終了時に TCP コネクションは解放
される。

6.3　TCP セグメント

TCP の PDU を **TCP セグメント**（TCP segment）と呼ぶ。**図 6.2** に TCP セ
グメントの構成を示す。IP パケットの構成を示した時と同様に，一続きの
TCP セグメントを 4 バイトごとに改行して示している。TCP セグメントは IP

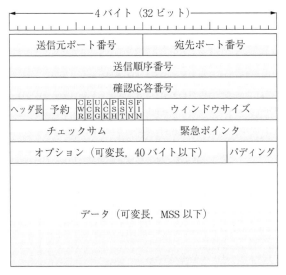

図 6.2 TCP セグメントの構成

パケットのデータ部に格納されて転送される。

　TCP ヘッダの基本部分は 20 バイト，オプションは最大 40 バイトであり，ヘッダの最大長は 60 バイトである。ヘッダの長さは 4 バイトの整数倍と決められており，オプションの長さがこれに満たない場合は，パディングを追加する。

　先頭部分に送信元ポート番号，宛先ポート番号が格納される。送信順序番号（シーケンス番号ともいう）は送信データの各バイトに付けられる通し番号の先頭の番号であり，送信側で挿入される。初期値はコネクション確立時にオペレーティングシステムの中で回っているカウンタの値から決められる。したがって，ほぼランダムに決まるといってよい。送信順序番号は通信中，単調に増加していくが，2^{32} バイト（約 4.3 G バイト）送信すると一巡して初期値に戻る。

　確認応答番号には，受信側で正しく受信した最後のバイトの番号に 1 を加えた値が挿入される。

　ヘッダ長（4 ビット）には TCP セグメントのヘッダの長さが 4 バイト単位で挿入される。オプション無しのヘッダは 20 バイトであるから，その場合は 0101（10 進数で 5），ヘッダが最大長になる場合は 1111（10 進数で 15）である。

　将来のための予約ビット（4ビット）に続いて8つの制御ビットが並ぶ。こ
れらの意味を**表6.2**に示す。制御ビットの初期値はいずれも0であり、制御ま
たは通知が必要な時に1を立てる。表の中で特に重要なのは、ACK、RST、
SYN、FIN の4つのビットである。ACK は acknowledgement（承認、領収書）
の略、RST は reset（御破算、やり直し）の略、SYN は synchronization（同期
化、時間合わせ）の略、FIN は finish（終了）の略である。

表6.2　制御ビットの意味

ビット名	意　味
CWR	輻輳ウィンドウを縮小したことを受信側に通知する。
ECE	輻輳が発生していることを送信側に通知する。
URG	緊急データを含んでいることを示す。
ACK	受信または了解を通知する。
PSH	受信バッファからすぐにアプリケーションに渡すことを要求する。
RST	強制的にコネクションを切断することを通知する。
SYN	コネクションの確立を要求する。
FIN	コネクションの解放を要求する。

　ACK（アック）は**コネクション確立要求**や**コネクション解放要求**に対して了
解を通知する時、およびセグメントを受信した時に1とする。コネクション確
立中はつねに1となっている。RST は何らかの理由で強制的に通信を終了す
る時に1とするビットである。SYN はコネクション確立要求の時だけ1とし、
ACK が戻ってくると0に戻す。同様に FIN はコネクション解放要求の時だけ
1とし、ACK が戻ってくると0に戻す。

　ウィンドウサイズは受信バッファの空きバイト数であり、送信側に対して
「あと何バイト受信できるか」を通知するために使われる。

　チェックサムは誤り検出のためにあり、その計算方法は IP のヘッダチェッ
クサムのそれと同じである。すなわち、TCP セグメント全体†を2バイトごと
に区切ってそれらの1の補数和を求め、その結果の1の補数を取った値が入
る。チェックサムで誤りが検出されたセグメントは破棄される。緊急ポインタ

---

† ただし、ヘッダ部分は IP アドレスを含む特殊なヘッダ（疑似ヘッダ）に置き換える。

は通常使われることがないので0がセットされる。

　オプションのフィールドにはいくつかの使い方がある。コネクション確立時には受信可能な最大データ長（Maximum Segment Size：**MSS**）を格納して，相手端末に伝える。これを**MSSオプション**と呼ぶ。MSSはTCPセグメントのデータ部分のサイズであって，ヘッダ部分は含まれない。MSSの通知が省略されるとデフォルトとして536バイトが用いられる。通信中，送信側で時刻情報を入れてそれが返送されるまでの時間を計測することに使うこともある。これを**タイムスタンプオプション**と呼び，それによって得られる情報は後で述べる再送タイマーの調整等に利用される。ACKで通知するセグメントの他に，すでに受信しているセグメントの順序番号を入れて受信セグメント間に発生した欠落を通知することにも使われる。これを**SACKオプション**と呼ぶ。SACKとはSelective ACK，すなわち選択的ACKという意味である。受信するSACK情報から欠落したセグメントを知り，それをただちに再送することで欠落部分を素早く埋めることができる。

【問6.1】Ethernetのフレームに収容できるTCPセグメントのデータは最大何バイトか。

6.4　コネクションの確立と解放

　TCPはコネクション型のプロトコルであるから，通信に先立ってコネクションの確立を行う。コネクションの確立にはヘッダ中のSYNビットとACKビットが使われる。

　TCPのコネクション確立の様子を**図6.3**（a）に示す。コネクションは双方向で一挙に確立される。このとき，3つのセグメントがやり取りされるため，**3ウェイハンドシェイク**（3-way handshake）と呼ばれる。コネクションの解放は必ずしも双方向で一挙に行われるとは限らない。送信するデータがなくなった時にFINを送信し，それに対するACKを受信するとデータの送信はできなくなる。しかし，相手からFINが届かないうちはデータの受信は可能であ

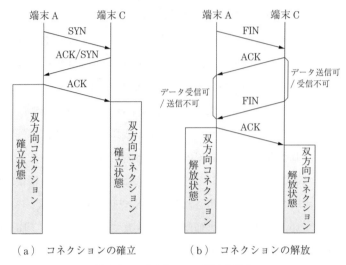

（a）　コネクションの確立　　　　　（b）　コネクションの解放

図 6.3　コネクションの確立と解放

り，ACK を返送することができる。相手から FIN が届き，それに対する ACK
を返送した時点でコネクションは双方向で解放される。この様子を図 6.3（b）
に示す。

　コネクションの確立と解放はアプリケーションプロセスの指示によって TCP
が行う。同様にデータの送信，受信データの引き取りもアプリケーションプロ
セスが指示をする。したがって，これらの命令（システムコール）はアプリ
ケーションプログラムの中に記述されていなければならない。これに対して
ACK の送信，破損データの破棄，次節以降に述べる再送制御，順序制御，フ
ロー制御，輻輳制御などは TCP が自身の判断で行うためアプリケーションが
これらに気づくことはない。このように TCP の動作にはアプリケーションの
指示によるものと TCP 自身が行うものがあることには注意しなければならない。

【問 6.2】 TCP を用いて 1 対 N 通信，N 対 N 通信を行うことは可能か。

6.5 再送制御と順序制御

6.5.1 再　送　制　御

通信に信頼性を与えることが TCP の最も重要な役割である。信頼性を与えるとは，送るべきすべてのデータを漏れなく順序どおりに相手のアプリケーションに届けるということである。そのために TCP は送信するデータにバイト単位で通し番号を付ける。これが送信順序番号である。送信順序番号の初期値はコネクションごとにいろいろ変わり，つねに 0 番から始まるわけではない。また，データを送信すると相手から応答（ACK）をもらって届いたことを確認する。ACK には「受信しました。次は○○番から送ってください」という番号が含まれている。この番号が確認応答番号である。確認応答番号は受信した最後のバイトの番号ではなく，その次のバイトの番号であることに注意しなければならない。

図 6.4（a）にデータの送信と ACK が返る様子を示す。TCP はデータ送信時に**再送タイマー**を起動する。タイムアウトするまでに相手から ACK が返らない場合は，送信したデータが途中で破棄されたと判断し，同じデータを再送する（図 6.4（b））。相手からの ACK が途中で破棄される可能性もある。その場合もタイムアウトが発生しデータを再送することになるが，相手は同じデータを二度受信することになる。その場合は，受信したデータの送信順序番号を見て受信の重複を検出し，不要な受信データは破棄して ACK を再送する（図 6.4（c））。このように失われたと推定されるデータを再送することを**再送制御**（retransmission control）と呼ぶ。

【問 6.3】送信側から見て送信パケットの破棄と ACK の破棄は区別できるか。

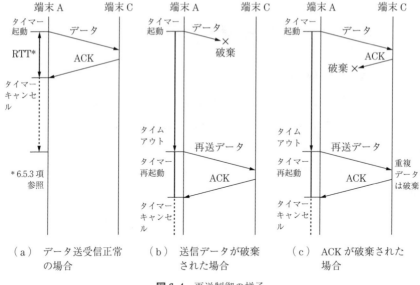

（a） データ送受信正常 （b） 送信データが破棄 （c） ACK が破棄された
　　の場合　　　　　　　　された場合　　　　　　　場合

図 6.4 再送制御の様子

6.5.2 順 序 制 御

データは送信した順序どおりに相手に届くとは限らない。パケットの経路は
ルーティングによって時々刻々変わる可能性があるからである。先に送った
データが遠回りをして遅れて届き，後から送ったデータが近道を通って先に届
くことがある。また，途中のルータで待たされることもある。送信データが破
棄された場合，または順序が入れ替わった場合には，受信する送信順序番号に
飛びが発生する。その場合は，前に送った ACK をすぐに再送し，相手にデー
タが欠落したことを知らせる。これを**重複 ACK** と呼ぶ。欠落したデータが届
き，送信順序番号がつながると受信側は次の（すなわち重複ではない）確認応
答番号を送信し，データを適切な順序に並べる。このようにデータがつねに正
しい順序になるように制御することを**順序制御**（sequence control）という。

6.5.3 再送タイマーの調整

TCP はデータ送信時にタイマーを起動して相手からの ACK を待つが，その

タイマーの設定値はどうなっているのだろうか。ACK が返ってくるまでの時間は，通信速度，パケットが通過する経路の長さ，ネットワークの混雑状態などでいろいろ変わる。したがってタイマー値を一定にすることは適切でない。小さすぎるとすぐに無駄な再送をしてしまうし，逆に大きすぎるとパケットが破棄された場合の再送が遅れてしまう。その時々のネットワークの状況に応じて適切なタイマー値を設定しなければならない。そのために TCP はデータ送信から ACK を受信するまでの時間を常時計測している。セグメントを送信してから ACK を受信するまでの時間，つまり相手との往復時間を**ラウンドトリップタイム**（Round Trip Time：**RTT**）という。TCP は平均的な RTT にいくらかの余裕を加えてタイマー値を決定している。ただし，タイマー値が RTT の計測によって毎回大きく変動することは望ましくないため，RTT 平均値は過去の平均値を重視するように加重平均をとって計算される。

　RTT の計測に関してひとつ注意すべき問題がある。それはタイムアウトでデータを再送した時に，返ってくる ACK をどう解釈するかということである。最初に送ったデータがネットワーク上で破棄され，再送したデータが正しく届いた場合は，再送したデータに対する ACK である。しかし，最初に送ったデータが何らかの理由で遅れて届き，そのために ACK が遅れて返ってきたのかもしれない。また，ACK 自身が何らかの理由で遅れたのかもしれない。それらの場合は最初に送ったデータに対する ACK ということになる。つまり，再送を行うと返ってくる ACK がどちらの送信データに対するものなのかわからなくなってしまうのである。この問題に対処するために TCP では，「再送したデータに関する RTT 計測値はタイマー値の計算に算入しない。また，タイムアウトした場合はタイマー値を一時的に 2 倍にして再送する」というルールになっている。これを**カーンのアルゴリズム**（Karn's algorithm）という。

【問 6.4】 カーンのアルゴリズムで再送タイマー値を一時的に 2 倍にする理由は何か。

6.6　フロー制御と輻輳制御

6.6.1　ウィンドウ制御

TCPは送信すべきデータをアプリケーションから受け取るとMSSのサイズに分解してそれぞれを送信単位とし，いったんメモリに書き込む。データの終わりの部分は，たいていMSSより小さいセグメントになる。送信データの一時格納場所としてメモリ上に確保されている領域を**送信バッファ**と呼ぶ。送信バッファ内には**送信ウィンドウ**と呼ばれる一続きの領域があり，この中に置かれたセグメントにヘッダを付けて順番に送信する。相手から確認応答（ACK）が返ってくるとウィンドウをスライド（移動）させて新しいセグメントを送信できるようにする。メモリ上をスライドしていくこのようなウィンドウを**スライディングウィンドウ**（sliding window）と呼ぶ。ウィンドウが送信バッファの端に到達するともう一方の端に戻ってスライドを続ける。つまり，ウィンドウは送信バッファの中を循環しているのである。スライディングウィンドウを用いる送信制御を**ウィンドウ制御**（window control）と呼ぶ。

図6.5にスライディングウィンドウの動作例を示す。番号の付いた区画はメモリに書き込まれたセグメントである。角の丸い四角がウィンドウを示している。図6.5（a）では，ウィンドウ内のセグメント3からセグメント8が送信可能で実際にセグメント7まで送信した状態を示している。セグメント8は続けてすぐに送信でき，待つ必要はない。セグメント3〜7は相手からのACKを待っている状態にある。セグメント1と2はウィンドウから外れているが，こ

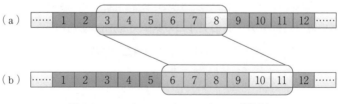

図6.5　スライディングウィンドウの動作例

れらはすでに送信済みで相手から ACK も受け取ったセグメントである。ACK
を受信したセグメントは送信バッファから消去（あるいは新しいセグメントで
上書き）することができる。セグメント 9〜12 は，まだウィンドウ内に入って
いないので送信することはできない。図 6.5（b）は，同図（a）の状態からセ
グメント 3〜5 に対する ACK が返り，ウィンドウがスライドした状態を示して
いる。セグメント 11 まで送信可能となり，実際にセグメント 8 と 9 を送信し
て ACK を待っている。セグメント 10 と 11 は続けてすぐに送信できるが，セ
グメント 12 はまだ送信できない。なお，送信済みで，まだ ACK を受け取って
いないセグメントの合計バイト数を**フライトサイズ**（flight size）と呼ぶ。ネッ
トワーク内を飛行しているデータの大きさというような意味である。

　以上のようにスライディングウィンドウは送信可能なセグメントと送信済み
で ACK 待ちのセグメントを指定する枠の役割を果たしている。ところで，ス
ライディングウィンドウの大きさ（すなわち送信可能セグメント数の限界）は
どうやって決めるのだろうか。それは相手端末からの応答ヘッダの中のウィン
ドウサイズに示されている数値（バイト数）で決まる。ウィンドウサイズは
「あと何バイト受信可能か」という情報である。スライディングウィンドウの
大きさはウィンドウサイズで決まる。

　次は受信側の動作について見てみよう。TCP の受信側には，送信側と同じ
ようにメモリ上にセグメントの一時格納場所が確保されている。これを**受信
バッファ**と呼ぶ。受信側では TCP ヘッダの送信順序番号を見て，データを適
切な順序に並べる。したがって受信バッファには（たとえ欠落があるとして
も）正しい順序でセグメントが並んでいる。受信バッファに格納された一続き
のセグメントは順次，受信側アプリケーションが引き取っていく。アプリケー
ションが引き取ったセグメントは消去可能となり，そのメモリ領域は新たな受
信セグメントの格納場所として使えるようになる。アプリケーションが引き取
るまではセグメントは消去（あるいは上書き）できない。**図 6.6** に受信バッ
ファ内のウィンドウの例を示す。セグメント 1 と 2 を含む左側の色の濃い部分
は，受信済みかつアプリケーション引き取り済みのセグメントを示している。

図 6.6　受信バッファ内のウィンドウの例

この部分は消去（上書き）が可能である。セグメント 3～8 は受信済みであるが，まだアプリケーションが引き取っていない。この部分は消去（上書き）ができない。セグメント 9 以降の右の白い部分はまだ何も書き込まれていない領域を示している。セグメント 3～8 の領域は一種のウィンドウと考えられる。アプリケーションが引き取ると左端が右へ進み，新たにセグメントを受信すると右端が右に進む。すなわち，受信バッファ内をスライドしているわけである。受信バッファの端まで進むともう一方の端に戻ってスライドを続ける。しかし，これを受信ウィンドウとはいわない。受信に関してウィンドウとは受信バッファ内の空き領域のことを指すのである。図 6.6 においてはセグメント 3～8 以外の領域（色の濃い部分と白い部分を合わせたもの）となる。

　TCP では受信バッファの空き領域の大きさを**ウィンドウサイズ**（window size）と呼ぶ。ウィンドウサイズはつねに変化している。セグメントの受信が続き，アプリケーションの引き取りが遅れると，ウィンドウサイズは縮小していく。逆にアプリケーションの引き取りがセグメントの受信よりも速ければ，ウィンドウサイズは増大する。このように時々刻々変わるウィンドウサイズは ACK 送信のたびに送信側へ通知される。

6.6.2　フ ロ ー 制 御

　受信側のウィンドウサイズ（すなわち受信バッファの空き容量）は ACK とともに送信側へ通知されるが，送信側はウィンドウサイズを超えてデータを送ることはできない。相手側の受信バッファがあふれてデータが破棄されてしまうからである。相手端末の受信バッファの空き状況に応じて送信量を調整することを**フロー制御**（flow control）という。**図 6.7** にフロー制御の例を示す。

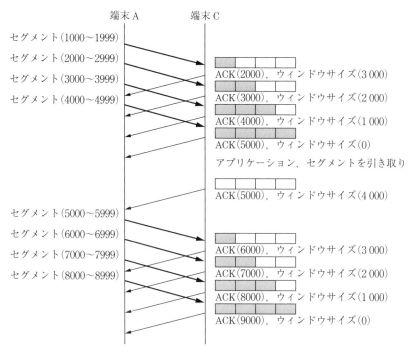

図 6.7 フロー制御の例

図 6.7 の例では，MSS を 1 000 バイト，受信バッファの大きさを 4 000 バイトとし，送信順序番号は 1000 番から始まるとしている。最初，端末 A は受信バイトが空，すなわちウィンドウサイズが 4 000 バイトであることを知っているとする。そこで 1 000 バイトのセグメントを 4 個連続で送信する。送信順序番号はそれぞれ，1000，2000，3000，4000 である。それらに対する応答（ACK）の確認応答番号は 2000，3000，4000，5000 となる。前に述べたように確認応答番号は次に受信を期待する送信順序番号である。4 個のセグメントに対してアプリケーションがすぐに引き取りを行わなければ，ウィンドウサイズは受信のたびに 1 000 バイトずつ減少し，4 個受信した時点で 0 になってしまう。

送信側は受信するウィンドウサイズが 0 になることで，もうセグメントを送れないことがわかり，いったん送信を停止する。やがて，アプリケーションが受信したセグメントを引き取ると，再び受信バッファに空きが生じてセグメン

トを受け入れられるようになる。これを「ウィンドウが開く」と表現する。ウィンドウが開くと受信側はそれを送信側に ACK で伝える決まりになっている。送信側はこれを受けてセグメントの送信を再開する。

6.6.3　輻　輳　制　御

LAN，特に有線 LAN の内部ではネットワークの混雑が発生することは稀であるから，前項で述べたフロー制御さえあればセグメントを順調に転送することができる。しかし，インターネットを介して離れた端末にセグメントを転送する場合は，フロー制御だけでは不十分である。インターネットには多くの TCP コネクションが同時に存在し，同一の経路（伝送路）上にも多くのパケットが流れている。各端末がフロー制御だけに基づいて，パケットを次々に送り出すとネットワーク上で混雑や渋滞が発生することがある。間にあるルータの受信バッファがいっぱいになると，その後到着するパケットは破棄されてしまう。その場合，TCP は再送を行うから，混雑はますますひどくなる。ネットワーク上で発生するパケットの混雑のことを輻輳（**congestion**）と呼ぶ。

TCP には輻輳を回避するための仕組みがあり，その動作を**輻輳制御**（congestion control）と呼ぶ。輻輳制御では輻輳がなるべく発生しないようにセグメントの送信数が調整される。フロー制御が相手端末の受信バッファの空き状況に応じて送信量を調整するのに対して，輻輳制御はネットワークの混雑状況に応じて送信量を調整するのである。

〔1〕　**輻輳の検出**　さて，輻輳制御を行うためにはネットワークの混雑状況を知る必要があるが，TCP は直接的にそれを知ることができない。それは輻輳が TCP の下にあるネットワーク層で発生する現象だからである。したがって，TCP は何らかの方法で混雑状況を推定するより仕方がない。そこで TCP は 2 つの現象に着目する。ひとつは送信時に起動するタイマーのタイムアウト発生である。相手から一定時間内に ACK が返ってこない場合は，途中で混雑が発生しており，パケットが破棄されたと判断するのである。もうひとつは，

同じ ACK の重複受信（**重複 ACK**）である。TCP には順序違いのセグメント
を受信した際には，正しいセグメントを要求する ACK をただちに返さなけれ
ばならないという規則があることはすでに述べた（6.5.2 項参照）。相手が順
序違いのパケットを受信するということは，ネットワーク内で発生している混
雑のためにパケットが途中で破棄されたと判断するのである。TCP は重複
ACK を 3 回受信すると回復動作に入る。重複 ACK を 3 回受信するということ
は，最初に受け取った（正常な）ACK を含めると全部で 4 回同じ ACK を受信
することになる。

〔2〕 **スロースタートと輻輳回避**　　輻輳の検出は以上のように行うが，送
信量の調整は前節で述べた送信ウィンドウ（スライディングウィンドウ）の中
にさらに**輻輳ウィンドウ**（congestion window）という小さなウィンドウを作っ
て行う。輻輳ウィンドウは連続して送信できるセグメント数にさらに枠をはめ
る働きをする。

　コネクション確立直後の輻輳ウィンドウの初期値は基本的に 1 セグメントで
ある。したがって，最初の送信は 1 セグメントだけ行い，これに ACK が返る
とウィンドウをスライドさせて輻輳ウィンドウを 1 セグメント分増やす。つま
り，2 セグメント連続して送信できるようになる。2 セグメント送信して 2 つ
ACK が返ると今度はウィンドウサイズを 4 セグメントに増やす。つまり，
ACK がひとつ返るごとに輻輳ウィンドウを 1 セグメント分増加させるのであ
る。この動作を続けると輻輳ウィンドウは 1 → 2 → 4 → 8 → 16 → …のように
指数関数的に増加し，一度に連続して送信するセグメントが増えていく。この
動作を**スロースタート**（slow start）という。送信セグメント数が急速に増え
るためスローとは奇妙な名前にも思われるが，「最初は 1 セグメントからゆっ
くり始める」という意味でスロースタートと呼んでいる。以上のように輻輳
ウィンドウは最初，急速に成長するが，あらかじめ決められた大きさに到達す
るとスロースタートをやめて次の動作に移る。この閾値のことを**スロースター
ト閾値**（slow start threshold：**ssthresh**）という。

スロースタートの次のフェーズ（動作）は**輻輳回避**（congestion avoidance）と呼ばれる。輻輳回避では輻輳ウィンドウを少しずつ大きくしていく。輻輳ウィンドウ内のすべてのセグメントは連続的に一挙に送信される。この時にACK待ちのタイマーはひとつだけ起動する（セグメントごとではない）。そしてRTT後にこれらに対するACKがやはり連続的に戻ってくる。これらのACKによりウィンドウ全体が大きくスライドし，次のセグメント群を送信できるようになる。輻輳回避のフェーズでは，送信した輻輳ウィンドウ内のセグメントに対するすべてのACKに対して輻輳ウィンドウを約1セグメント増やす。たとえば，輻輳ウィンドウ内の10セグメントを送信し，10個のACKが戻ってくると輻輳ウィンドウを11セグメントに拡大するのである。ただし，すべてのACKが戻ってきた時点で1セグメント増やすのではなく，そういう割合になるようにひとつひとつのACKに対してバイト単位で少しずつ増やしていくという方法を取る。輻輳回避では，輻輳ウィンドウの増加はスロースタートに比べてはるかに緩やかなものとなる。

輻輳回避フェーズにおける輻輳ウィンドウサイズの増加には限界がある。それは相手端末から通知されるウィンドウサイズである。相手端末から通知されるウィンドウサイズを特に**広告ウィンドウサイズ**（advertised window size）と呼ぶ。広告ウィンドウサイズを超えてセグメントを送信しないことは前項のフロー制御で述べた。**図 6.8** はスロースタートと輻輳回避における輻輳ウィンド

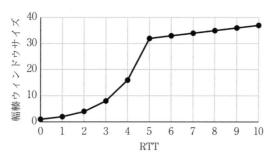

図 6.8　スロースタートと輻輳回避における
輻輳ウィンドウサイズ

ウサイズの変化を示している。この例では ssthresh を 32 MSS としている。スロースタートで始まり，5×RTT の時点で輻輳回避に切り替わっている。

　図6.9 はスロースタートと輻輳回避における送受信の様子を時系列的に表したものである。この図では簡単のために ssthresh を 8 MSS としている。

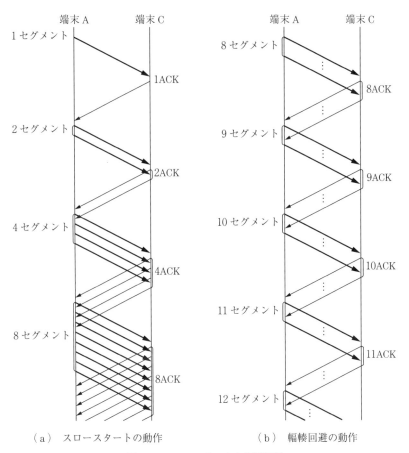

（a）　スロースタートの動作　　　　　（b）　輻輳回避の動作

図6.9　スロースタートと輻輳回避

〔3〕　**輻輳検出時の処理**　　さて，輻輳ウィンドウが増加を続ける中で送信タイマーのタイムアウトが発生したとしよう。この場合，TCP はネットワークに輻輳が発生していると判断し，ssthresh をフライトサイズの 1/2 にして輻輳ウィンドウのサイズを 1 セグメントに減らし，スロースタートから再開す

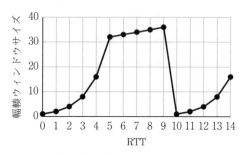

図6.10 タイムアウト発生時の
輻輳ウィンドウの変化

る。つまり，送信量を一挙に減らして輻輳ウィンドウの増加を最初からやり直
す。**図6.10**は，輻輳回避中にタイムアウトが発生した時の輻輳ウィンドウの
変化を示している。9×RTTの時点でタイムアウトが発生し，輻輳ウィンドウ
サイズを1セグメントに減らし，スロースタートから再開している。

　次に重複ACKを3回受信した場合を考える。その場合は，まず，途中で破
棄されたと思われる1セグメントだけをすぐに再送する。これを**ジェイコブソ
ンの高速再送**（Jacobson's fast retransmit）と呼ぶ。そして，スロースタート
閾値（ssthresh）をその時点のフライトサイズの半分まで減少させる。また，
輻輳ウィンドウのサイズはこの新しいssthreshにMSSを3個分付け加えた値
にセットする。重複ACKを受信している間，ウィンドウはスライドしないの
で，新しいセグメントは基本的に送信できないが，それでは転送効率が悪いの
で重複ACKを受信するたびに暫定的に1セグメントずつ輻輳ウィンドウを増
加させる。この一時的な輻輳ウィンドウサイズの増加を**インフレーション**
（inflation）と呼ぶ[5]。インフレーションで拡大した輻輳ウィンドウ内に新たに
送信できるセグメントがあれば送信する。

　輻輳発生を検出して輻輳ウィンドウサイズを減少させる動作はわかりやすい
が，なぜインフレーションのような動作を行うのだろうか。それは次の理由に
よる。重複ACKを受信するということは，相手端末は何がしかのセグメント
を受信していることを意味している。したがって，たまたま1パケットだけ破
棄された，あるいはそれほどひどい輻輳は発生していないと判断して，できる

だけセグメントの送信を続けるのである。上に述べたフライトサイズ×1/2＋3MSS の 3MSS は重複 ACK 3 回分の受信に対応したものである。インフレーションがしばらく続くにしても，やがて正常な ACK が返るから，その時点で輻輳ウィンドウのサイズを先ほど更新した ssthresh に再度設定し直す。つまり，インフレーションで暫定的に増やした分を一挙に帳消しにするのである。

　正常な ACK が返ると輻輳ウィンドウは大きくスライドし，新しいセグメント群を送信できるようになる。そして輻輳回避の動作を再開する。以上述べたように，重複 ACK を 3 回受信した場合はスロースタートからやり直しをするのではなく，ssthresh と輻輳ウィンドウを減少させて輻輳回避の動作を継続するのである。重複 ACK 3 回の受信から高速再送とインフレーションによるセグメントの送信を経て，正常 ACK の受信で輻輳回避に戻るまでの過程を**高速回復**（fast recovery）と呼ぶ。

　図 6.11 は，輻輳回避中に重複 ACK を 3 回受信した時の輻輳ウィンドウの変化を示している。この図では簡単のために高速回復による過渡的な状態（輻輳ウィンドウのインフレーション）は省略している。9×RTT の時点で重複 ACK 受信による輻輳ウィンドウの減少が起きているが，スロースタートに戻るのではなく輻輳回避動作を再開している。また，**図 6.12** には高速再送と高速回復の動作例を示す。この例ではセグメントを 4 個送信し，その先頭のセグメントが破棄された場合の動作を示している。図 6.12（a）は輻輳ウィンドウ内のセグメントとスライドの様子を示し，同図（b）はセグメント送受信の様子を表

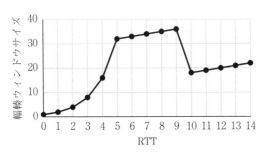

図 6.11　重複 ACK を 3 回受信した時の
輻輳ウィンドウの変化

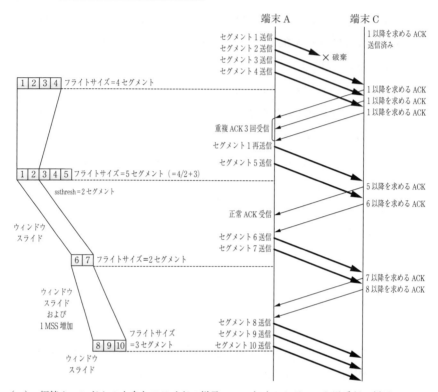

（ａ）　輻輳ウィンドウの中身とスライドの様子　　　（ｂ）　セグメント送受信の様子

図6.12　高速再送および高速回復の動作例

している。

　以上述べた輻輳制御は最も標準的な方法であり通称 **Reno** と呼ばれる。Reno
を基本として送信ウィンドウ内の複数のセグメント欠落に対して回復動作を速
めた改良版は **New Reno** と呼ばれる。ただし，New Reno が Reno と表記され
ている場合がある。標準的な方法以外にもいろいろな輻輳制御の方法が提案さ
れ，実際に使われている。特に伝送速度が高速で RTT が長い場合，輻輳回避
による輻輳制御では伝送効率が悪いため，3 次関数の曲線を利用して急速に送
信量を増加させる **cubic** という方法が現在では広く用いられている。

6.7 UDP の 役 割

UDP（User Datagram Protocol）はトランスポート層に属するプロトコルである。コネクションレス型であり，通信相手との間にコネクションを確立することはない。UDP のおもな役割は，送信元ポート番号と宛先ポート番号によって通信を行うプロセスを指定することである。また，誤り検出の機能も有するが，その使用は任意であり必須ではない。したがって，UDP はアプリケーションとネットワーク層の間にあって情報（データ）をほぼ素通しで渡していることになる。TCP のようにトランスポート層として通信に信頼性を与えるための機能はほとんど持っていないのである。プロセスの識別以外にはほとんど何もしないために UDP には処理の遅延というものがない。したがって，UDP はリアルタイム性を求められるアプリケーションによく用いられる。また，TCPはユニキャストの 1 対 1 通信にしか用いられないが，UDP は IP マルチキャストが可能であり 1 対 N 通信，N 対 N 通信に用いることができる。

【問 6.5】 UDP ではなぜ IP マルチキャストが可能となるのか。

6.8 UDP データグラム

UDP の PDU を **UDP データグラム**という。図 6.13 に UDP データグラムの構成を示す。ヘッダの長さは 8 バイト固定である。送信元および宛先ポート番号は 6.1 節で述べたとおりである。長さは UDP データグラムのヘッダを含む全バイト長である。これは IP パケットのヘッダ内にある全パケット長から IPのヘッダ長を差し引いたものに等しい。したがって，情報としては冗長なものといってよい。チェックサムには UDP データグラム全体を対象に TCP のチェックサムと同じ方法で計算された値が入る。

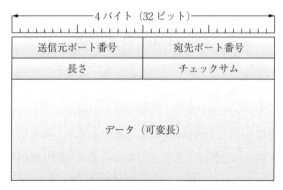

図 6.13 UDP データグラムの構成

演 習 問 題

【6.1】TCP/IP ネットワークにおいて，TCP コネクションを識別するために必要な情報の組合せはどれか。

　ア　IP アドレス，セッション ID

　イ　IP アドレス，ポート番号

　ウ　MAC アドレス，セッション ID

　エ　ポート番号，セッション ID

「出典：平成 27 年度 秋期 基本情報技術者試験 午前 問 35」

【6.2】UDP のヘッダフィールドにはないが，TCP のヘッダフィールドには含まれる情報はどれか。

　ア　宛先ポート番号

　イ　シーケンス番号

　ウ　送信元ポート番号

　エ　チェックサム

「出典：令和 3 年度 秋期 応用情報技術者試験 午前 問 34」

【6.3】TCP のフロー制御に関する記述のうち，適切なものはどれか。

　ア　OSI 基本参照モデルのネットワーク層の機能である。

　イ　ウィンドウ制御の単位は，バイトではなくビットである。

　ウ　確認応答がない場合は再送処理によってデータ回復を行う。

　エ　データの順序番号をもたないので，データは受信した順番のままで処理する。

「出典：平成 25 年度 春期 情報セキュリティスペシャリスト試験 午前 II 問 19」

【6.4】 ネットワークの制御に関する記述のうち，適切なものはどれか。

　　ア　TCP では，ウィンドウサイズが固定で輻輳（ふくそう）回避ができないので，輻輳が起きるとデータに対しタイムアウト処理が必要になる。

　　イ　誤り制御方式の一つであるフォワード誤り訂正方式は，受信側で誤りを検出し，送信側にデータの再送を要求する方式である。

　　ウ　ウィンドウによるフロー制御では，応答確認のあったブロック数だけウィンドウをずらすことによって，複数のデータをまとめて送ることができる。

　　エ　データグラム方式では，両端を結ぶ仮想の通信路を確立し，以降は全てその経路を通すことによって，経路選択のオーバヘッドを小さくしている。

　　「出典：平成 26 年度 秋期 ネットワークスペシャリスト試験 午前 II 問 14」

【6.5】 IP の上位プロトコルとして，コネクションレスのデータグラム通信を実現し，信頼性のための確認応答や順序制御などの機能をもたないプロトコルはどれか。

　　ア　ICMP　　イ　PPP　　ウ　TCP　　エ　UDP
　　「出典：平成 26 年度 秋期 応用情報技術者試験 午前 問 33」

第 7 章

インターネットサービスと
プロトコル

インターネットでは TCP/IP または UDP/IP を用いてさまざまなサービスが提供される。本章では代表的なサービスの内容とそのプロトコルについて述べる。まず，コンピュータ通信の開始時に動作する DHCP と DNS について解説し，続いて具体的なサービス（電子メール，ファイル転送，WWW，遠隔コンピュータ制御，ネットワーク管理）で用いられるプロトコルについて述べる。

7.1　DHCP

クライアントのコンピュータは，手動で固定の IP アドレスが設定されていない限り，電源投入・立ち上げ時に IP アドレスを持っていない。コンピュータ通信を行う場合には，送信元および宛先の IP アドレスが必要となるから，まず，送信元のアドレスが設定されなければならない。**DHCP**（Dynamic Host Configuration Protocol）は，コンピュータがサーバから IP アドレスを取得するためのプロトコルである。この時に使われるサーバを **DHCP サーバ**という。

DHCP は UDP または TCP 上で動作するプロトコルであるが，通常は UDP 上で動作する。ポート番号には 67 番と 68 番が使われる。クライアントから DHCP サーバへ送信する際，送信元ポート番号には 68 番，宛先ポート番号には 67 番を使用する。逆に DHCP サーバからクライアントへ送信する際は，送信元ポート番号は 67 番，宛先ポート番号は 68 番である。

クライアントのコンピュータは，立ち上げ時やスリープ状態からの復帰時に IP アドレスを要求するメッセージを自身が所属するネットワーク全体にブ

ロードキャストする。DHCP サーバは，これに応答する形でクライアントに
IP アドレスを提示する。この時，インターネット通信に必要となる他の情報
（本節末に記述）も同時に通知される。

　DHCP サーバは，そのネットワーク内で使用可能な IP アドレスをプールし
ており，クライアントの要求に基づいてそのひとつを期限付きで与える。期限
を過ぎて IP アドレスを使用する場合は，クライアントから更新要求を出さな
ければならない。

　図 7.1 にクライアント・サーバ間のメッセージの送受信の様子を示す。クラ
イアントは自身が知っている項目をメッセージに記入してネットワーク内にブ
ロードキャストする（図 7.1 の DHCPDISCOVER）。ネットワーク内に DHCP
が存在しない場合，メッセージはルータによって転送され離れたサーバに届く
こともある。サーバはこれに対して IP アドレスを含む種々の項目を記入して
応答する（DHCPOFFER）。DHCP サーバが複数ある場合はクライアントに複
数の DHCPOFFER が届く。クライアントは自身が使用する IP アドレスを選ん
で DHCPREQUEST で応答する。サーバが最後の応答 DHCPACK を返してクラ
イアントの IP アドレスが確定する。

【問 7.1】DHCPDISCOVER をブロードキャストするのはなぜか。

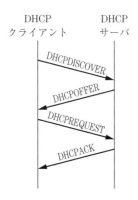

図 7.1　DHCP のメッセージ送受信

　クライアントとサーバは同じメッセージフォーマットを使用する。**図7.2**に
DHCP メッセージの構成を示す[1]。DHCP サーバから通知される情報にはクラ
イアントが使用すべき IP アドレスに加え，サブネットマスク，DNS サーバの
名前と IP アドレス，デフォルトゲートウェイの IP アドレス，IP アドレスの
リース期間（使用期限）などが含まれる。

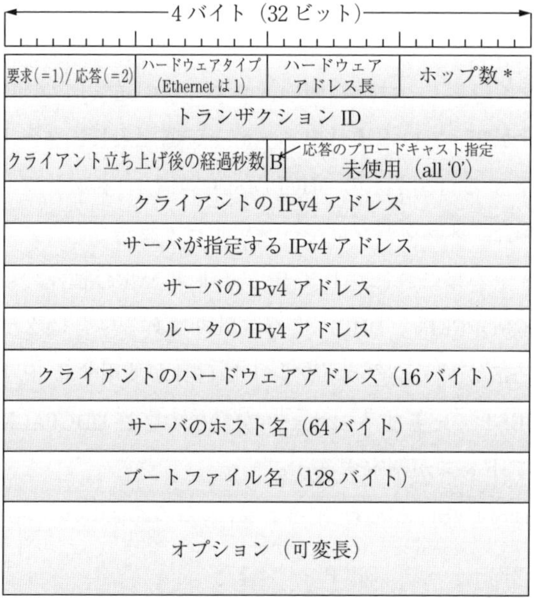

```
|←————————4バイト（32ビット）————————→|
```

要求(=1)/応答(=2)	ハードウェアタイプ (Ethernet は 1)	ハードウェア アドレス長	ホップ数 *
トランザクション ID			
クライアント立ち上げ後の経過秒数 B	応答のブロードキャスト指定 未使用（all '0'）		
クライアントの IPv4 アドレス			
サーバが指定する IPv4 アドレス			
サーバの IPv4 アドレス			
ルータの IPv4 アドレス			
クライアントのハードウェアアドレス（16 バイト）			
サーバのホスト名（64 バイト）			
ブートファイル名（128 バイト）			
オプション（可変長）			

＊ホップ数は送信側で 0 を挿入し，ルータを経由するたびに 1 ずつ加算される。

図7.2　DHCP メッセージの構成

7.2　DNS

　送信元 IP アドレスは DHCP によって取得できるが，宛先 IP アドレスを取得
するためには本節で述べる DNS を使用する。

7.2.1　ドメイン名と DNS

　IP アドレスは数値であり，ユーザにとっては覚えにくい。しかし，IP アド

レスの数値はコンピュータ通信には必須である。そこで，IP アドレスをユーザが覚えやすい文字列（**ドメイン名**）に対応付けておくと便利である。たとえば，北海道情報大学の公式サイト（Web サーバ）の IP アドレスは 150.31.181.70 であるが，これを「www.do-johodai.ac.jp」に対応付けるのである。ここで「do-johodai.ac.jp」の部分がネットワークアドレスに対応し，「www」の部分が Web サーバのホストアドレスに対応する。電子メールアドレスにもドメイン名が含まれている。たとえば，「alice@example.com」というメールアドレスでは @（アットマーク）より右側の「example.com」の部分がドメイン名（ネットワークアドレス）である。**DNS**（Domain Name System）は，このように IP アドレスと文字列の対応付けを行うためのシステムであり，それを実現するサーバを DNS サーバまたはネームサーバと呼ぶ。電話に例えれば DNS サーバは電話帳である。

　クライアントは宛先の IP アドレスを取得するために DNS サーバにドメイン名（およびホスト名）を送り，問合せを行う。DNS サーバはこれに応答し，IP アドレスを通知する。ドメイン名から IP アドレスを得ることを**名前解決**（name resolution）と呼ぶ。DNS のプロトコルは TCP，UDP のいずれの上でも動作するが，通常は UDP 上で使用する。ポート番号は 53 である。

　ドメイン名の例を**図 7.3** に示す。この例に現れているようにドメイン名は階層化されている。ドメイン名の階層化の様子を**図 7.4** に示す。最上位の階層を**ルートドメイン**（root domain）と呼び，その直下の階層を**トップレベルドメイン**（Top Level Domain：**TLD**）と呼ぶ。ルートドメインは名前を持っていない。ルートドメインに対応するサーバ（**ルートサーバ**）はトップレベルドメインとその IP アドレスの対応付けを行っている。現在，世界には 13 系統のルートサーバ群がある。ルートサーバは系統ごとにすべて同じ IP アドレスを持ち，

図 7.3　ドメイン名の構成

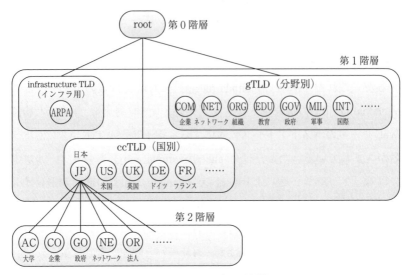

図7.4　ドメイン名の階層化

そのIPアドレスを宛先に指定すると地理的に最も近いサーバにつながるように
なっている。

　TLDは，分野別のTLD（generic TLD：**gTLD**）と国別のTLD（country code
TLD：**ccTLD**）の2つに分けられる。また，これら以外にインターネットイン
フラ用の特殊なTLD（infrastructure TLD）がある。

　ドメイン名は，図7.3に示すようにTLDを一番右に書き，間をピリオドで
区切って下の階層を順次左に並べていくという書き方をする。このようにTLD
からすべてのドメイン名を省略せずに書いたものを**FQDN**（Fully Qualified
Domain Name）と呼ぶ。

　TLD全体の管理はICANNが行っており，各TLDの管理はICANNから委託
を受けた組織が行っている。たとえば日本を表す「.JP」で終わるドメイン名
は日本レジストリサービス（JPRS）が管理している。

　インターネットインフラ用のTLD「.ARPA」はIPアドレスからドメイン名
を取得する際などに用いられる。ドメイン名からIPアドレスを取得すること
を**正引き**，逆にIPアドレスからドメイン名を取得することを**逆引き**と呼ぶ。

逆引きは受信した IP アドレスから送信者の身元確認を行うことなどに利用される。

　gTLD は当初，だれでも登録できる「.COM」，「.NET」，「.ORG」と，登録にあたって一定の要件が必要となる「.EDU」，「.GOV」，「.MIL」，「.INT」の合計 7 つ（このうち「.GOV」，「.MIL」は米国専用）であったが，2001 年以降はこれらに「.INFO」，「.BIZ」，「.NAME」，「.PRO」などの新しい gTLD が追加されている。さらに 2012 年以降は新 gTLD と呼ばれるドメイン名のグループも追加され，gTLD は増え続けている。

　ccTLD は国や地域を 2 文字のアルファベットで表す TLD であり，本書執筆時点（2022 年）で 255 個存在している。ccTLD は ISO（国際標準化機構）の標準 ISO3166 で規定される 2 文字の国コードを原則として用いている。

【問 7.2】DNS サーバがダウンして使用不能になると何が起こるか。

7.2.2　DNS の仕組み

　ドメイン名が階層化されていることに対応して名前解決も階層的に行われる。図 7.5 に Web サイト「www.do-johodai.ac.jp」の名前解決の過程を示す。IP アドレスを問い合わせるコンピュータ（のソフトウェア）を**レゾルバ**（resolver）という。レゾルバは自身が属するネットワークの DNS サーバ（D）に問合せを行う（図の（1））。D はまずルートサーバに「www.do-johodai.ac.jp」の IP アドレスを問い合わせる。ルートサーバは「jp」の DNS サーバに問い合わせるように応答を返す（図の（2））。この応答には「jp」の DNS サーバの IP アドレスも含まれている。D は次に「jp」の DNS サーバに問い合わせると「ac.jp」の DNS サーバに問い合わせるように応答が返る（図の（3））。「ac.jp」の DNS サーバに問い合わせると「do-johodai.ac.jp」の DNS サーバに問い合わせるように応答が返る（図の（4））。最後に「do-johodai.ac.jp」の DNS サーバに問い合わせると Web サイトの IP アドレス「150.31.181.70」が得られる（図の（5））。D はそれをレゾルバに応答し（図の（6）），Web ブラウザは目的のサイトへアクセスできるようになる（図の（7））。

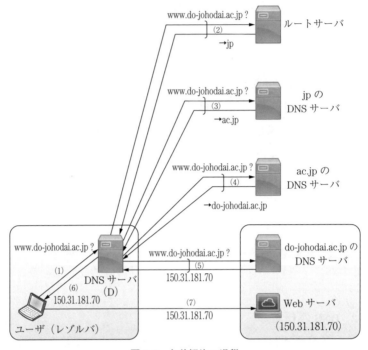

図7.5　名前解決の過程

　図7.5は名前解決の基本的な流れを示しているが，問合せの過程で得られる
IPアドレスは問合せを行ったDNSサーバ（D）に一定期間保存される。さら
にユーザのコンピュータ（Webブラウザの中など）にも保存される。保存さ
れる情報を**DNSキャッシュ**（DNS cache）と呼ぶ。DNSキャッシュを用いる
と毎回同じ問合せを繰り返す必要がなくなり，通信が効率化される。DNS
キャッシュのみを持つ専用サーバもあり，これを**DNSキャッシュサーバ**と呼
ぶ。これに対してオリジナルの情報を持つDNSサーバを**DNS権威サーバ**と
呼ぶ。利用者は通常，DNSキャッシュサーバに問合せを行って名前解決を行
う。DNSキャッシュサーバは問合せを受けたドメイン名のIPアドレスが自身
の中に存在しない場合，権威サーバへ問合せを行ってその結果を応答する。

7.3 電子メール

7.3.1 電子メールシステムとプロトコルの概要

電子メール（electronic mail：**email**）は長い歴史を持ち，かつ現在でも最もよく使われるインターネットサービスのひとつである。

電子メールサービスを提供するシステムの全体構成を**図7.6**に示す。

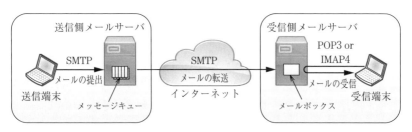

図7.6 電子メールシステムの構成

メールが送信者から受信者に届くまでの流れはおおよそ以下のとおりである。

① メールの提出

送信者（ユーザ）が作成したメールは，送信側のメールサーバに送信され，そこにいったん格納される（送信メールを順番に並べた一時格納場所をメッセージキュー（message queue）という）。

② メールの転送

送信側のメールサーバは受信側のメールサーバにメールを転送する（受信ユーザごとにメールボックスがあり，そこに格納される）。

③ メールの受信

受信者は受信側のメールサーバにアクセスしてメールボックスから自分宛てのメールを引き取る。

電子メールサービスには確実な情報転送が必要であり，リアルタイム性は求められないため，トランスポート層のプロトコルとしては TCP が用いられる。

　上記の ① から ③ の通信の場面では，それぞれに TCP コネクションが必要となる。アプリケーション層のプロトコルとしては，**SMTP**（Simple Mail Transfer Protocol）と **POP3**（Post Office Protocol version 3）または **IMAP4**（Internet Mail Access Protocol version 4）が使われる。SMTP は上記の ① および ② の場面で用いられ，POP3 または IMAP4 は ③ の場面で用いられる。なお，POP3 と IMAP4 はいずれか一方を選択して用いればよい。メールの提出・転送と受信になぜ別々のプロトコルが使われるのであろうか。それはメールの提出・転送には送信側がすぐに情報を送り出すプッシュ型の通信が求められるのに対し，メールの受信（引き取り）には受信者の都合のよい時に情報を引き出すプル型の通信が求められるからである。タイプの異なる通信は別々のプロトコルで実現するほうが都合がよい。なお，最近非常に普及している Web メールでは，ユーザは Web ブラウザを通してメールの提出および受信を行う。その際，Web サーバとの通信には次節で述べる HTTP が用いられるが，その先にあるメールサーバ間の通信には SMTP が用いられている。

　電子メールはクライアント・サーバ型の通信である。ユーザ（送信者ならびに受信者）はつねにクライアントの立場である。一方，メールサーバはサーバにもクライアントにもなり得る。ユーザとの通信を行う時はサーバの立場であるが，サーバ間でメールを転送する時は，送信側がクライアント，受信側がサーバの立場となる。

　電子メールサービスは歴史的には **ASCII コード**によるテキストデータの送受信から始まったため，現在でもそのプロトコル（SMTP，POP3，IMAP4）はテキストベースである。すなわち，電子メールのメッセージは，ヘッダも含めてテキストエディタで読むことも作成することもできる。しかし，通常，ユーザは便利なメールソフトを自身の PC にインストールするか，ネットワーク上のメールサイトにアクセスしてメールの作成・送信，受信・表示を行っている。電子メールにはテキスト以外の情報（たとえば，画像，音声，動画など），すなわちバイナリ（binary）のファイルが添付されることもあるが，その場合，バイナリデータは文字情報に変換して転送され，受信側で復元される。そ

の際に使われる規格が **MIME**（Multi-purpose Internet Mail Extension, マイム）
である。

【問 7.3】電子メールの提出から受信までに何本の TCP コネクションが必要となるか。

7.3.2　SMTP

　SMTP の宛先ポート番号は基本的には 25 番であるが，現在はクライアント
とメールサーバ間の通信では 587 番が指定され，メールサーバどうしの通信で
は 25 番が指定される。SMTP のメッセージの先頭部分にはテキストで記述さ
れるヘッダがあり，その後にテキストデータが続く。ヘッダには，**図 7.7** のよ
うにキーワードで明示されるいくつかの項目が含まれる。To は宛先，Subject
は件名，From は送信元（差出人），Date は日付，Message-ID はメッセージ識
別番号，Content-Type はデータの形式と文字コード，Content-Transfer-
Encoding は符号化の方法を示す。

> To: alice@example1.com
> Subject: Information and Communication Networks
> From: bob@example2.com
> Date: Sat, 29 Oct 2022 01:30:34 +0900
> Message-ID: <・・・・・・・・・・・・・・>
> Content-Type: text/plain; charset=UTF-8
> Content-Transfer-Encoding: 8bit

図 7.7　電子メールのヘッダ例

7.3.3　POP3 と IMAP4

　POP3 はメールサーバの 110 番ポートとの間に TCP コネクションを確立し，
届いているメールを受信者の端末にダウンロードする。このときにユーザのパ
スワード認証，メールの引き取り，メールボックスの更新が順番に行われる。
メールを引き取ったのちにメールボックスを更新すると，そのメールは削除さ
れる。

　IMAP4 はメールサーバの 143 番ポートとの間に TCP コネクションを確立し，
届いているメールをユーザに提示する。POP3 とは異なり，閲覧されたメール

はユーザが指示しない限り削除されない。ユーザはメーラを通じてメールサーバ内に任意のフォルダを作りメールを分類・整理することもできる。さらにメールボックス内のメールを検索することもできる。

7.3.4　添付ファイル

先に述べたように電子メールにバイナリデータを添付する場合は，文字情報への変換が行われる。**Base64** という変換方法がよく用いられる。ここで64は使用する文字数を表している。Base64 では一続きの長いバイト列を3バイト（24ビット）ずつに区切り，その中をさらに6ビットを単位とする4個のビット列に分ける。それぞれのビット列（6ビット）が表す数値（0〜63）を64個の文字「A〜Z，a〜z，0〜9，+，/」にこの順で対応させ，それを ASCII コードで表して文字情報に変換するのである。つまり，3バイトの数値が4個の文字に置き換えられるわけである。バイト列の末尾が4文字に足りない場合は「=」を空白を埋める文字（パディング）として使用する。ASCII コードの1文字は1バイトとして転送されるため，変換の結果，元の3バイトは4バイトに拡大され，情報の転送効率が低下する。この効率の悪さを解消するために他の変換方法もいろいろ提案されている。

【問 7.4】 32 ビットのビット列「01010100 01000011 01010000 00101111 01001001 01010000」を Base64 で文字列に変換せよ。

7.4　ファイル転送

ネットワークを介してクライアントとサーバの間でファイルを転送する場合がある。その際に使用するプロトコルとしてインターネットの初期に **FTP**（File Transfer Protocol）が作られた。FTP はデータ転送用（宛先ポート番号20 番）と制御用（宛先ポート番号21 番）の2つの TCP コネクションを使用する。FTP には**アクティブモード**（active mode）と**パッシブモード**（passive mode）の2つの動作モードがある。前者ではデータ転送用コネクションの確

立をサーバ側から要求し，後者ではクライアント側から要求する。デフォルト
はアクティブモードであるが，クライアントからの要求（PASV コマンド）で
パッシブモードに移行する。パッシブモードではサーバ側のポート番号はサー
バが任意の値を指定する。パッシブモードはサーバからのコネクション確立要
求がクライアント側のネットワークの入り口で拒否されることを回避するため
に後から追加された。**図 7.8** に FTP の 2 つのモードを示す。

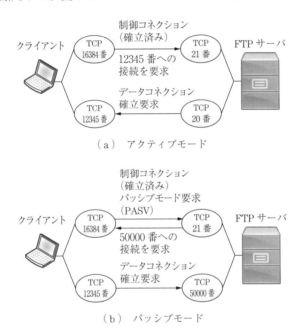

（a）　アクティブモード

（b）　パッシブモード

図 7.8　FTP のアクティブモードとパッシブモード

　FTP はユーザの ID やパスワードを含むすべての情報を暗号化せずに転送す
るため，インターネット上で用いることにはセキュリティ上の問題がある。現
在では FTP の代わりにセキュリティが確保される **FTPS**（File Transfer
Protocol over SSL/TLS）や **SFTP**（SSH File Transfer Protocol）などのプロト
コルが用いられている。

　図 7.9 に FTPS の動作例を示す。図 7.9 では簡単のために制御コネクション
とデータコネクションをまとめて示している。まず，クライアントとサーバ間

FTPSクライアント　FTPSサーバ

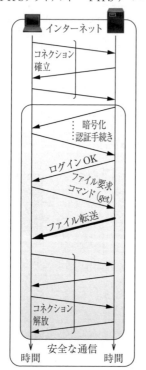

図7.9　FTPS の動作例

でTCPコネクションを確立した後に認証と暗号化に関する手続きが行われ，その後にFTPのコマンドによるファイル転送が始まる。詳細は第9章で述べるが，TLS（Transport Layer Security）はTCPコネクションの上でセキュリティを確保するためのプロトコルである。TLSはSSL/TLSと呼ばれることもある。

　インターネットの初期に作られ，セキュリティの問題を有するプロトコルはFTPばかりではない。先に述べた電子メールのSMTP，POP，IMAPや後述するHTTPも同様の問題を有している。したがって，暗号化と認証が必要な場合にはFTPSと同様にTLS上で通信が行われる。その場合，宛先ポート番号は本来の番号とは異なる番号が使用される。

　SFTP は後述する遠隔コンピュータ制御のためのプロトコル SSH（7.6節参

照）を用いてファイル転送を行うプロトコルである。SFTP は FTP とはまった
く別個のプロトコルである。SSH はセキュリティの確保された通信を提供する。

7.5　WWW

　ネットワーク上のコンピュータに格納されている情報（テキスト，画像，そ
の他）を多くのユーザに提供するシステムが **WWW**（World Wide Web）であ
る。WWW は単に Web ともいわれる。当初はテキストや静止画像などの提供
が中心であったが，現在では電子メール（Gmail 等），動画配信（YouTube 等），
SNS（Facebook，Instagram 等）などの基盤システムとしても利用されている。

　WWW において情報を蓄えているコンピュータを Web サーバと呼ぶ。クライ
アントは Web ブラウザというソフトウェアで Web サーバにアクセスし，情報
を取得する。クライアントと Web サーバの間の通信に用いられるプロトコルが
HTTP（Hypertext Transfer Protocol）である。HTTP は TCP 上で動作するプ
ロトコルであり，宛先ポート番号（Web サーバ側）としては基本的に 80 番が
用いられるが，認証や暗号化を伴う通信（**HTTPS**）では 443 番が用いられる。

　Web ブラウザに表示されるひとつの画面を Web ページという。Web ページ
の情報は **HTML**（HyperText Markup Language）という言語で記述されてい
る。HTML は情報の中身とその表示形式を記述する言語である。HTML で記述
されたファイルを HTML ファイルといい，拡張子は「.html」である。

7.5.1　**WWW と HTTP の概要**

　図 7.10 に WWW のシステム構成を示す。Web サーバ内のサーバプロセスは
つねに稼働しており，クライアントからの要求を受け付けている。クライアン
トに提供する情報はオブジェクトとして内部に格納されている。ここでオブ
ジェクトとはテキスト，音声，画像，動画などのファイルのことである。クラ
イアント内の Web ブラウザプロセスはサーバプロセスとの間に TCP コネク
ションを確立し，HTTP のリクエストメッセージでオブジェクトを要求する。

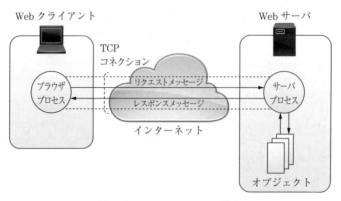

図 7.10　WWW のシステム構成

サーバプロセスは指定されたオブジェクトを HTTP のレスポンスメッセージ
に格納して応答する。これが必要な回数繰り返されたのち，TCP コネクショ
ンは解放される。

7.5.2　**HTTP のメッセージ**

現在使われている HTTP のバージョンには 1.0，1.1，2，3 の 4 種類がある。
図 7.11 に HTTP/1.1 のリクエストメッセージの構成を示す。**HTTP**/1.1 では
ひとつの TCP コネクションでひとつのコンテンツを転送することが基本である
が，複数のリクエストを送信することもできる。コネクションを維持したまま
リクエストを繰り返すこの動作をキープアライブ（keep alive）という。

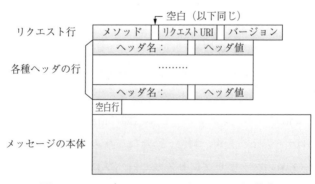

図 7.11　HTTP/1.1 のリクエストメッセージの構成

　HTTP/1.1ではリクエスト行と各ヘッダ行はASCIIコードの文字列で記述される。改行はCR（Carriage Return）とLF（Line Feed）の制御文字で行う。リクエスト行では，要求の種別，要求する情報の識別子（Uniform Resource Identifier：**URI**），バージョンが示される。要求の種別はメソッドとして表される。メソッドにはGET，POST，HEAD，PUT，DELETEなどが定義されているが，最もよく使われるメソッドはオブジェクトの取得を要求するGETである。リクエストURIは要求するオブジェクトの格納場所を示す。通常はルートディレクトリ「/」からの相対パスで場所が指定される。最後のバージョンはHTTPのバージョンを示す。リクエスト行に続いて何行かのヘッダが続き，ひとつの空白行を挟んでメッセージの本体を格納する部分がある。しかし本体の格納部分はメソッドをPUTとしてオブジェクトの送信を行う時を除いて使われない。以下はリクエスト行の例である。

　　　GET /example/example1.html HTTP/1.1

　このリクエスト行はバージョン1.1のHTTPプロトコルを使用しサーバ内のルートディレクトリ配下のexampleディレクトリ内にあるexample1.htmlファイルを要求している。

　ヘッダにはさまざまなものが定義されており，リクエストの最終的な宛先となるコンピュータの情報（Host），TCPコネクションの取り扱い（Connection），ブラウザの種類（User-Agent），受け入れ可能な言語（Accept-Language）などを指定することができる。

　図7.12にHTTP/1.1のレスポンスメッセージの構成を示す。

　リクエストメッセージと同様にステータス行と各ヘッダ行はASCIIコードで記述される。ステータス行では，HTTPのバージョン，応答の状態を示すコード（コードの番号およびコードを説明するフレーズ）が示される。おもな状態コードの定義を**表7.1**に示す。HTTP/1.1の正常な応答のステータス行は

　　　HTTP/1.1 200 OK

となる。

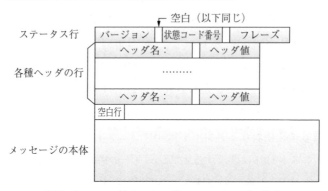

図7.12 HTTP／1.1のレスポンスメッセージの構成

表7.1 おもな状態コードの定義

状態コード番号とフレーズ	内　容
200 OK	正常に応答する。
301 Moved Permanently	指定 URI の情報は移動された。
304 Not Modified	指定 URI の情報は更新されていない。
400 Bad Request	リクエストをサーバが理解できない。
404 Not Found	指定 URI の情報が存在しない。
505 HTTP Version Not Supported	指定したバージョンをサポートしない。

　レスポンスメッセージのヘッダは，TCP コネクションの状態（Connection），メッセージ送信の日時（Date），サーバプロセスの種別（Server），オブジェクトの最終更新日時（Last-Modified），オブジェクトのバイト数（Content-Length），オブジェクトのタイプ（Content-Type）等の情報を示す。

　なお，HTTP／2 以降は HTTP メッセージのリクエスト行とヘッダ行（ASCII コード）の内容はバイナリデータとして表現され（さらに必要に応じて分割され），フレームと呼ばれる情報転送単位に格納されて転送される。しかし，サーバとクライアントの間でやり取りされる情報の意味内容（セマンティクス（semantics））は HTTP／1.1 と変わらない。

　HTTP／1.1 では複数のリクエストが送られた場合，その順番でレスポンスを返さなければならず，あるレスポンスが遅れると後続するすべてのレスポンスも滞ってしまう。この現象をヘッドオブラインブロッキング（Head-of-Line blocking：HOL blocking）という。これを避けるために **HTTP/2** ではひとつの TCP コネクションの中にストリーム（stream）という独立した情報（フレーム）の流れを作り，ある情報が遅れても他の情報転送に影響がないようにしている[10]。

　さらに **HTTP/3** では TCP の代わりに UDP を使用し，QUIC という新しいプロトコルを用いてセキュリティの確保と情報転送の効率化を図っている。**QUIC** は UDP 上で動作し，TCP と同様の信頼性に加えてセキュリティ確保の機能も統合したプロトコルである。現在（2022 年時点）使われている Web ブラウザの多くはすでに HTTP/3 と QUIC に対応しているが，対する Web サーバ側ではいまのところ HTTP/2 が多く使われている。したがって現在のところ WWW のプロトコルとしては HTTP/2 が主流である。しかし今後は HTTP/3 と QUIC の利用が広がっていくと考えられる。

7.5.3　Web 情報のキャッシュ

　7.2.2 項で DNS キャッシュについて述べたが，一般に**キャッシュ**（cache）とは一度取得した情報をその後も保存しておくことであり，保存されている情報そのものもキャッシュという。キャッシュを利用すれば，情報に変化がない限り再度それを取得する必要がない。したがってキャッシュの利用は通信量を削減し，サーバやネットワークの負荷を軽減する効果を生む。また，応答の速度も速くなる。

　Web 情報（コンテンツ）をキャッシュしておくためにクライアントの近くに代理サーバ（proxy server）を設置することがある。これを**キャッシュサーバ**と呼ぶ。クライアントは本来の Web サーバと通信する代わりにキャッシュサーバと HTTP 通信を行って情報の取得を要求する。要求された情報がキャッシュされていればキャッシュサーバはそれをクライアントに返送する。キャッシュされていない場合は本来の Web サーバから情報を取得しそれをキャッシュするとともにクライアントに応答する。

　キャッシュに関して問題となることは，その情報が最新であるかどうかとい

うことである。情報の取得後にその情報が更新されていれば再度取得をしなければならない。このため，情報の更新の有無を確認することが必要となる。**図7.13** にキャッシュを利用する通信の様子を示す。

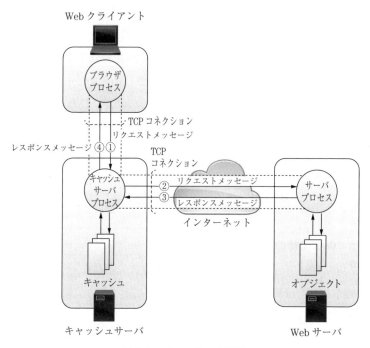

図 7.13 キャッシュの利用

図 7.13 の構成においてクライアントはキャッシュサーバとの間に TCP コネクションを確立し HTTP で情報の取得を要求する。キャッシュサーバはクライアントから要求された情報が自身のキャッシュに含まれていても Web サーバとの間に TCP コネクションを確立し HTTP の GET メソッドで情報の取得を要求する。ただし，このときヘッダ（If-Modified-Since）でキャッシュサーバがその情報を前回取得した日時も通知する。これを条件付き GET（Conditional GET）という。Web サーバは受信した日時から情報の更新の有無を判断し，更新されていれば新しい情報を応答し，更新されていなければヘッダのみを応

答する。このようにしてキャッシュサーバはつねに最新の情報をクライアント
に応答するのである。キャッシュサーバを用いても Web サーバとの通信は発
生するが，情報本体の転送がなければサーバやネットワークに負荷を与えない
上に応答も速い。

　Web サーバから取得した情報は通常はブラウザの中にもキャッシュされて
いる。したがって上で述べた更新の有無の確認と最新情報の転送はクライアン
トとキャッシュサーバの間，およびキャッシュサーバと Web サーバとの間で
行われることになる。

　Web サーバはヘッダ（Cache-Control（時間）または Expires（日時））で有
効期間を明示して情報を応答することもできる。この場合，キャッシュされた
情報は有効期間内であれば，更新の有無を確認せずに使用することができる。
しかし，任意のタイミングで更新が行われる情報に関してはこの方法を用いる
ことができない。

7.5.4　CGI

　HTTP による通信では基本的に Web サーバは要求された情報を応答するの
みであるが，クライアントの要求に基づいてサーバ内の別のプログラムを起動
しその処理結果と組み合わせて応答すれば，サービスの内容を高度化できる。
それを実現する仕組みに **CGI**（Common Gateway Interface）がある。**図 7.14**
に CGI を利用する構成を示す。サーバプロセスは要求メッセージを受信する
と CGI プログラムをインタフェースとしてアプリケーションを起動し，処理
を指示する。CGI は処理結果をサーバプロセスに応答し，サーバプロセスはそ
れを応答メッセージに組み込んでクライアントに応答する。CGI はサーバプロ
セスが別のアプリケーションプロセスを起動する仕組みであるが，同等の仕組
みを実現する方法は他にもいろいろある。たとえば，**PHP**（PHP is Hypertext
Preprocessor）という言語を利用し，それを HTML 文書に組み込むことでアプ
リケーションプロセスを起動する仕組みがある。

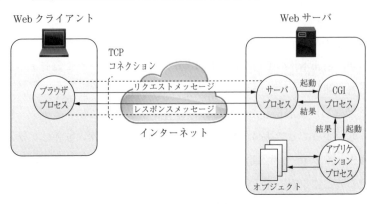

図 7.14　CGI の利用

7.5.5　**JavaScript**

CGI は Web サーバ内で実行されるプログラムであるが，Web サーバからブラウザに送信されブラウザ上で実行されるプログラムもある。このようなプログラムを用いても Web のサービスを向上することができる。JavaScript はそうした目的で使われるプログラムである。**図 7.15** に JavaScript を用いる通信を示す。

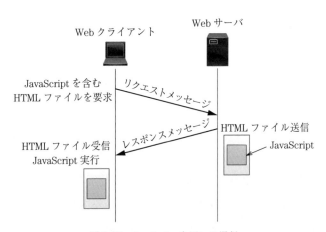

図 7.15　JavaScript を用いる通信

JavaScript はコンパイルが不要なスクリプト言語で記述されたプログラムであり，HTML ファイルの中に組み込むことができる。ブラウザは JavaScript を含むファイルを受け取るとブラウザ上でいろいろな計算や条件分岐による処理などを実行できる。なお，Java と JavaScript はまったく違う言語である。

【問 7.5】CGI と JavaScript を用いて提供されるサービスの例を挙げよ。

7.5.6　cookie

cookie（クッキー）は Web サーバがクライアントを識別するために Web ブラウザ内に格納しておく小さなファイルである。クライアントが Web サーバ

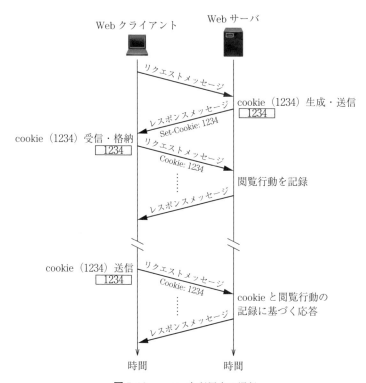

図 7.16　cookie を利用する通信

に接続すると，サーバから cookie が送信されブラウザ内に格納される。クライアントが Web サーバに改めて接続すると今度は cookie が Web サーバに送信され，Web サーバはそれによりクライアントを識別する。cookie を送信するには HTTP メッセージのヘッダ（Set-Cookie および Cookie）を用いる。cookie を利用する通信の様子を図 7.16 に示す。cookie は Web を用いるビジネスに利用することができる。たとえば Web サーバはクライアントごとの閲覧行動を記録しておき，それを分析することで商品の提案などを行うことができる。しかし，cookie の利用に関してはセキュリティに関する議論がある。クライアントの行動を監視・追跡することがプライバシーの侵害につながる恐れがあるからである。そのため，ブラウザは設定によって cookie の拒否や削除ができるようになっている。

7.6　遠隔コンピュータ制御

　離れたコンピュータにログインしてそのコンピュータを操作するためのプロトコルとして **TELNET** がある。このプロトコルはインターネットの初期に作られ利用されたが，現在では特殊な条件のもとでしか使われない。TELNET ではユーザの ID，パスワード，制御コマンドが暗号化されずにネットワークに送信されるので，セキュリティ上の問題があるためである。TELNET は外部から完全に遮断された安全なネットワーク内でのみ使用することができる。インターネットを介する遠隔コンピュータ制御には，TELNET の代わりに **SSH**（Secure Shell）が用いられる。SSH は暗号・認証によって盗聴，改ざん，なりすまし等を防ぐ機能を備えている。TELNET と SSH は，ともに TCP 上で動作し，宛先ポート番号は TELNET が 23 番，SSH が 22 番である。**図 7.17** に TELNET と SSH それぞれによる遠隔制御の様子を示す。

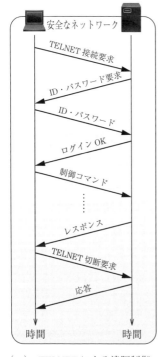

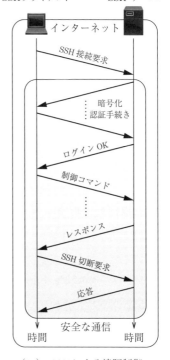

（a） TELNET による遠隔制御　　　　（b）　SSH による遠隔制御

図7.17 TELNET と SSH による遠隔制御

7.7 ネットワーク管理

　ネットワーク機器を管理するために利用されるプロトコルが **SNMP**（Simple Network Management Protocol）である。ここで管理とは状態を監視することや制御（初期設定や設定変更）を行うことを意味する。監視・制御はハードウェアばかりではなく機器に搭載されているソフトウェアに対しても行われる。

　ICMP のコマンド（ping 等）はネットワークの状態を調べるために各端末のユーザも利用できるが，SNMP はネットワークを構成する個々の機器を監視・制御するためにネットワーク管理者が使用するプロトコルである。各々の機器

を監視・制御することによりネットワーク全体を監視・制御することが可能と
なる。

　SNMPによって管理される機器には **SNMPエージェント**（SNMP agent）と
呼ばれる機能（ソフトウェア）が搭載される。SNMPエージェントを有する機
器は自身で把握できる情報を **MIB**（Management Information Base）と呼ばれ
る管理データベースに保持している。MIBにはその機器自身に関する情報（製
造メーカ，型番，電源投入後の稼働時間など）や機器が収集した情報（送信／
受信したフレーム／パケット数，伝送路の状況など）が含まれており，これら
は階層的（ツリー状）に整理されたオブジェクトとして保持されている。

　一方，機器を管理する側のコンピュータには **SNMPマネージャ**（SNMP
manager）と呼ばれる機能（ソフトウェア）が搭載される。SNMPマネージャ
はSNMPエージェントの管理情報を取得してネットワーク機器の状況，さら
にはネットワークの状況を把握する。管理情報の取得にはポーリングとトラッ
プという2つの方法がある。**ポーリング**（polling）はマネージャが一定間隔で
エージェントに問合せを行い，その応答によって情報を取得する方法である。
トラップ（trap）は管理する機器に何らかの状況変化があった時にエージェン
トが自発的にマネージャに管理情報を通知する方法である。SNMPによるネッ

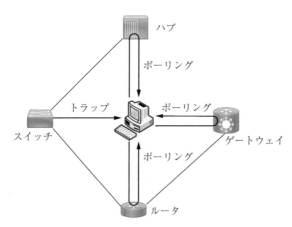

図7.18　SNMPによるネットワークの監視

トワーク監視の様子を**図7.18**に示す．なお，SNMPはUDP上で動作するプロトコルである．

【問7.6】 ICMPによる監視とSNMPによる監視の違いを述べよ．

演 習 問 題

【7.1】 IPアドレスの自動設定をするためにDHCPサーバが設置されたLAN環境の説明のうち，適切なものはどれか．

ア　DHCPによる自動設定を行うPCでは，IPアドレスは自動設定できるが，サブネットマスクやデフォルトゲートウェイアドレスは自動設定できない．

イ　DHCPによる自動設定を行うPCと，IPアドレスが固定のPCを混在させることはできない．

ウ　DHCPによる自動設定を行うPCに，DHCPサーバのアドレスを設定しておく必要はない．

エ　一度IPアドレスを割り当てられたPCは，その後電源が切られた期間があっても必ず同じIPアドレスを割り当てられる．

「出典：令和4年度　秋期　応用情報技術者試験　午前　問31」

【7.2】 DNSに関する記述のうち，適切なものはどれか．

ア　インターネット上のDNSサーバは階層化されており，ある名前の問合せが解決できない場合は，上位のDNSサーバに問い合わせて結果を得ることができる．

イ　セカンダリサーバは，大規模なネットワークシステムにおいてプライマリサーバの負荷を軽減するために用いられ，プライマリサーバとは異なる内容のデータベースを保持している．

ウ　ネームリゾルバは，クライアントからの要求に対し，データベースを使用してドメイン名，ホスト名に対応するIPアドレスを返すプログラムである．

エ　リソースレコードにはそのレコードの型や通常使われる標準名，IPアドレスなどが保持されており，DNSサーバの構築時に登録され，更新することができない．

「出典：平成20年度　春期　ソフトウェア開発技術者試験（現・応用情報技術者試験）午前　問54」

【7.3】 UDPを使用しているものはどれか．

ア　FTP　　イ　NTP　　ウ　POP3　　エ　TELNET

「出典：令和4年度　春期　応用情報技術者試験　午前　問33」

【7.4】SSH の説明はどれか。

　ア　MIME を拡張した電子メールの暗号化とディジタル署名に関する標準

　イ　オンラインショッピングで安全にクレジット決済を行うための仕様

　ウ　対称暗号技術と非対称暗号技術を併用して電子メールの暗号化，復号の機能をもつツール

　エ　リモートログインやリモートファイルコピーのセキュリティを強化したツール及びプロトコル

「出典：平成 26 年度 春期 応用情報技術者試験 午前 問 44」

【7.5】TCP/IP の環境で使用されるプロトコルのうち，構成機器や障害時の情報収集を行うために使用されるネットワーク管理プロトコルはどれか。

　ア　NNTP　　イ　NTP　　ウ　SMTP　　エ　SNMP

「出典：平成 26 年度 春期 応用情報技術者試験 午前 問 34」

第8章

ブロードバンド通信と移動通信

ブロードバンド（broadband）のバンド（band）とは通信回線の帯域のことである。帯域が広いほど一度に多くの情報を送ることができる。**ブロードバンド通信**とは広い帯域を使って行う高速インターネット通信のことである。本章ではユーザにブロードバンド通信を提供する具体的な方式，ブロードバンド通信によって実現するリアルタイム通信について解説する。さらにこれらの技術を用いて展開される移動通信の現状と将来について述べる。

8.1 ブロードバンド通信

アナログ通信の帯域は信号が占有する周波数の幅であり，単位には Hz を用いる。ディジタル通信の帯域は通信の速度のことであり，単位には bps を用いる。コアネットワークの高速・大容量化は 1980 年代の光通信の導入によって著しく進んだ。アクセスネットワークのブロードバンド化はこれよりもかなり後の時期になり，2000 年頃から急速に進展した。

従来の電話サービスには 64 kbps の回線速度があれば十分であるが，インターネットを利用する動画配信や大量のデータのやり取りには二桁以上高速な回線が必要となる。2000 年頃から国内では電話線を利用するブロードバンドアクセス方式 **ADSL**（Asymmetric Digital Subscriber Line）が一時期普及したが，速度や到達距離に限界があり，いまでは衰退している。代わって現在最も普及している方式が FTTH である。**FTTH**（Fiber to The Home）は光ファイバを利用するブロードバンドアクセス方式である。厳密には FTTH は通信事業者の局舎から加入者宅まで光ファイバを引き込む方式を意味する。集合住宅や

ビルの共有部分に置かれた装置まで光ファイバで接続し，建物内の接続には既存の電話線等を利用する方式は**FTTB**（Fiber to The Building）と呼ばれるが，これは広義のFTTHに含まれる。ブロードバンドアクセス方式にはFTTHの他にケーブルテレビ（Common Antenna Television：CATV）を利用する方式や無線を利用する方式がある。

8.2 ブロードバンドアクセス方式

8.2.1 FTTH

FTTHには**シングルスター**（Single Star：**SS**）と**ダブルスター**（Double Star：**DS**）の2つの方式がある。

SS方式は局舎の装置と加入者の装置を光ファイバで1対1に接続する方式である。局舎の装置から光ファイバがスター状に伸びているためにシングルスターと呼ばれる。局舎と加入者宅に設置される電気／光変換装置を**メディアコンバータ**（Media Converter：**MC**）と呼ぶ。MCを用いるFTTHのシステム構成を**図8.1**に示す。MCには送信と受信で光ファイバを分ける2芯式が多いが，1芯で送受信を行うタイプもある。

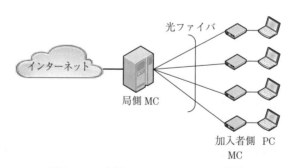

図8.1 MCを用いるFTTHのシステム構成

DS方式は局舎の装置から加入者の近くまで1本の光ファイバを用いて接続し，そこから分岐して複数の加入者に接続する方式である。局舎の装置から複数の光ファイバがスター状に伸び，分岐点でさらにスター状に分かれるためダ

ブルスターと呼ばれるのである。分岐点に給電が必要な装置を置く**アクティブ
ダブルスター**（Active Double Star：**ADS**）と給電が必要でない**パッシブダブ
ルスター**（Passive Double Star：**PDS**）に分けられる。FTTH では PDS 方式が
広く用いられている。PDS は **PON**（Passive Optical Network）の名前で呼ば
れることが多い。PON の局舎側装置を **OLT**（Optical Line Terminal），加入者
側装置を **ONU**（Optical Network Unit）と呼ぶ。どちらも電気信号と光信号を
変換する装置である。また，光ファイバの分岐に用いられる**スプリッタ**は小型
の受動素子で給電が不要である。PON のシステム構成を**図 8.2** に示す。

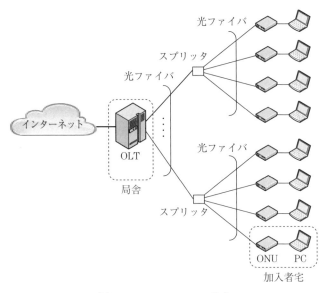

図 8.2　PON のシステム構成

　下り信号（OLT → ONU）は各加入者宛ての信号が時分割多重されており，
OLT から送信された光信号はスプリッタで分岐され，すべての加入者に同じ
信号が届く。各加入者は自分宛ての信号を取り出して利用する。上り信号
（ONU → OLT）は各 ONU から送信されスプリッタで合流して OLT に届く。各
ONU が任意のタイミングで信号を送信するとスプリッタで衝突が発生するた
め，OLT が各 ONU に送信のタイミングと長さを指示して衝突を避けるように

なっている。つまり PON では下り方向と上り方向にそれぞれ TDM（時分割多重）と TDMA（時分割多元接続）が用いられている。下り信号と上り信号は1芯の光ファイバに多重されて伝送される。下り方向と上り方向で異なる波長（下りは 1.5 μm，上りは 1.3 μm）を用いることにより，光ファイバ上で信号が混ざってもフィルタを用いて分離することができる。このように下りと上りで波長分割多重（Wavelength Division Multiplexing：WDM）が用いられているのである。PON の信号の流れを**図 8.3** に示す。

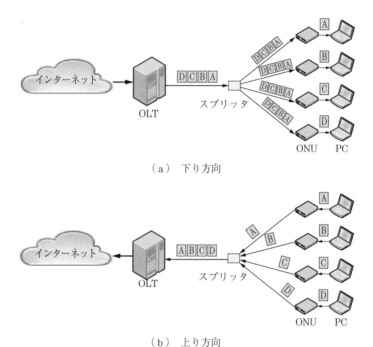

（a）　下り方向

（b）　上り方向

図 8.3　PON の信号の流れ

PON は光信号による高速・大容量・高品質の通信を提供できる優れた方式である。規格としては IEEE によるものと ITU-T によるものの 2 種類があるが，日本では IEEE の方式が主流で，1 Gbps の Ethernet フレームが光信号に変換されて伝送される。これを **GE-PON**（Gigabit Ethernet PON）という。さらに 10 倍の速度を持つ **10G-EPON** も規格化されている。

　なお，PON で使われる WDM の技術は，MC の 1 芯通信にも利用される。さらに WDM はアクセスネットワークばかりではなくコアネットワークにおいても利用されている。波長の異なる多数の光信号を WDM で多重化することにより，超高速・大容量の通信を実現している。

【問 8.1】ADS 方式よりも PDS 方式（PON）が広く使われる理由は何か。

8.2.2　CATV

　CATV（Common Antenna Television）は有線で TV 放送を配信するシステムである。TV の信号にインターネットの信号を FDM（周波数分割多重）で多重して伝送することにより，TV 放送とインターネットアクセスを同時に提供することができる。CATV では周波数帯域を**図 8.4** のように分割して利用している。

図 8.4　CATV の周波数分割

　CATV によるインターネット接続システムの概要を**図 8.5** に示す。CATV 局から加入者の近くまで光ファイバで接続し，光／電気変換装置（Hybrid Fiber Coaxial：**HFC**）で同軸ケーブルの信号に変換し，各加入者に接続する。CATV 局にはインターネットのディジタル信号を CATV 用に変調する装置（Cable Modem Termination System：**CMTS**）と，それを TV 信号に多重化し光信号に変換するヘッドエンド装置が設置される。加入者宅では同軸ケーブルは 2 分岐され，一方は **STB**（Set Top Box）を経て TV 受信機に接続され，もう一方は**ケーブルモデム**（Cable Modem：CM）を経て PC 等に接続される。

　同軸ケーブルの代わりに光ファイバを用いることもあり，その場合 HFC は光ファイバを分岐する装置となり，FTTH（ADS 方式）と変わりがない。

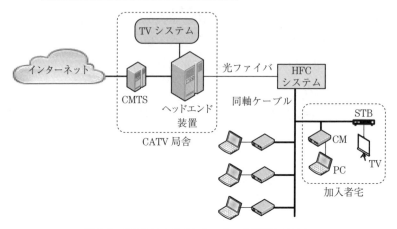

図 8.5 CATV によるインターネット接続システム

8.2.3 公衆無線 LAN, WiMAX その他

公衆無線 LAN は多数の利用者に無線でインターネットアクセスを提供する
サービスである。有料で利用できるものと無料のものがある。サービスを提供
する場所を **Wi-Fi スポット**（Wi-Fi spot）という。人の集まる公共施設，商業
施設，ホテル，駅，空港等に Wi-Fi スポットが設置されている。また，鉄道車
両，バスの車内，航空機の中にも設置される場合がある。

WiMAX（Worldwide Interoperability for Microwave Access）は無線でイン
ターネットアクセスを可能とする通信規格である。WiMAX はケーブルや光
ファイバの敷設が困難な地域にインターネットサービスを提供することを目的
に IEEE802.16 として標準化された（最新版は IEEE802.16-2004）。WiMAX は
もともと固定系無線通信規格であるが，その後，モバイル WiMAX の仕様（最
新版は IEEE802.16m）が策定され，ユーザは端末を持ち運びながら利用でき
るようになった。通信の方式としては，無線 LAN がコネクションレス型であ
るのに対し，WiMAX はコネクション型である。すなわち，通信開始時と通信
終了時にデータリンク層でコネクションの確立と解放が行われる。モバイル
WiMAX は 8.5 節で述べる第 4 世代以降の移動通信方式に含まれる。

　この他，スマートフォンを無線ルータ（中継装置）として利用し PC 等をイ

ンターネット接続する方法がある。これを**テザリング**（tethering）という。tether とは「つなぎ縄または鎖でつなぐ」という意味である。スマートフォンと PC の接続に無線 LAN（Wi-Fi）を利用する場合は Wi-Fi テザリングと呼ばれる。接続に USB（Universal Serial Bus），Bluetooth（4.12.1 項参照）を用いる場合はそれぞれ USB テザリング，Bluetooth テザリングと呼ばれる。

8.3　リアルタイム通信

　前節で述べたブロードバンド通信は大容量のリアルタイム通信を実現する基盤となる。第 2 章でパケット交換は回線交換に比べてリアルタイム通信に向かないと述べたが，インターネットで電話や TV 会議などのサービスを実現するためにはパケット交換においてリアルタイム性を確保する必要がある。本節ではリアルタイム通信を実現するプロトコルについて述べる。

8.3.1　リアルタイム性

　リアルタイム性とはそもそも何かを考えてみよう。**リアルタイム性**とは「処理に締め切り時刻があり，その時刻までに処理を完了しなければならない」という性質である。そこには高速な処理や通信が求められるが，リアルタイム通信と高速・大容量通信は同義ではない。「締め切りを守る」ということがリアルタイム性の本質である。

　リアルタイム性は，ハードリアルタイム性とソフトリアルタイム性に分けられる。**ハードリアルタイム性**は，「締め切りに少しでも遅れたら意味がなくなる，または重大な結果をもたらす」性質である。たとえば，工場で稼働する製品の組み立てロボットや自動車に搭載されるブレーキやエアバッグには，ハードリアルタイム性が要求される。これに対して，**ソフトリアルタイム性**は制限が少し緩やかで「締め切りはあるが，情報の遅延・欠落が一定の範囲の中では許される」性質である。電話や TV 会議の通信にはソフトリアルタイム性が求められる。

8.3.2 リアルタイム通信に用いられるプロトコル

TCP は通信に信頼性を与えるプロトコルである。しかし，データの送達確認や再送，フロー制御や輻輳制御などを行うためにデータの転送に時間がかかりリアルタイム性を実現することが難しい。そこでリアルタイム通信では TCP の代わりに UDP が用いられるが，UDP は誤り検出の機能しか持たずパケットの欠落や順序違いを検出することはできない。リアルタイム通信では TCP で実現されるような高い信頼性は必要でないが，それでもある程度の品質を保つことは必要である。

RTP（Realtime Transport Protocol）と **RTCP**（Realtime Transport Control Protocol）は図 8.6 に示すように UDP 上で動作し，リアルタイム通信の品質を確保するために使われるプロトコルである。この 2 つのプロトコルは UDP 上で動作するため，プロトコル階層としてはアプリケーション層に属するが，UDP とともにトランスポート層に属すると考えることもできる。

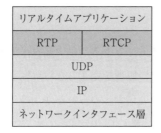

図 8.6 リアルタイム通信の
プロトコル階層

RTP と RTCP はつねにセットで用いられ，片方だけが単独で用いられることはない。RTP は音声や映像などのデータそのものを運ぶプロトコルであり，RTCP は RTP の動作をサポートする制御プロトコルである。RTP と RTCP は携帯電話やスマートフォンの音声通信，TV 会議システム等の通信に用いられている。RTP/RTCP は N 対 N の通信を想定しマルチキャストを前提としたプロトコルとなっている。RTP を使用するにあたっては運ぶ情報に対応するプロファイル（データの属性や挙動）とペイロードフォーマット（データの形式）が決まっていなければならない。また，RTCP はパケット損失数などの統計情

報を提供するが，データの転送を直接制御するわけではない。データの転送を制御するのはあくまでアプリケーション自身である。この点はアプリケーションには見えないところでデータの転送を制御している TCP とは著しく異なる。

8.3.3 RTP

RTP はリアルタイムデータの転送を行うプロトコルである。RTP でデータを送受信する端末全体は**セッション**と呼ばれる接続関係を持つ。セッションはひとつの端末の参加によって始まり全端末が離脱するまで継続する。セッションは IP アドレスとポート番号で識別される。セッションはメディアごとに分かれる。たとえば TV 会議の場合には音声と映像は別々のセッションで転送されるということである。図 8.7 に RTP パケットの構成を示す[11]。

RTP の 2022 年現在のバージョンは 2 である。同期ソースの ID は送信者の

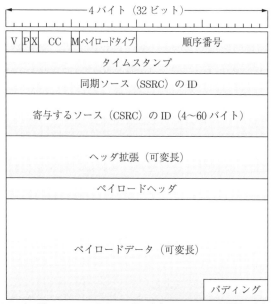

V：バージョン，P：パディングの有無，X：ヘッダ拡張の有無，
CC：寄与するソースの数，M：マーカ

図 8.7 RTP パケットの構成[11]

識別情報である。これは送信者によってランダムに選ばれる番号であり，セッション内で衝突が検出された場合は番号の取り直しが行われる。RTPの通信では送信者と受信者の間に**ミキサー**（mixer）と呼ばれる装置が入り複数の送信者のデータがまとめられることがある。まとめられた送信者の識別子が図中に示す寄与するソースのIDであり，その個数がCCである。ペイロードタイプはデータの種類を表す。順序番号はRTPパケットの通し番号であり，ランダムな初期値から始まりRTPパケットを送信するたびに1ずつ増加する。受信側ではこれを利用してパケットの欠落や順序違いを知ることができる。タイムスタンプは送信時の時刻情報である。ネットワーク内でパケットの遅延やゆらぎが発生しても，受信側ではこの情報に基づいて適切な間隔でデータを再生することができる。

8.3.4　RTCP

RTCPはRTPのデータ転送をサポートする制御プロトコルである。RTCPのセッションはRTPのセッションと1対1に対応する。**図8.8**にRTCPパケットの構成を示す[11]。**表8.1**に示すようにRTCPには5種類のパケットタイプが定義されている。このうちセッションに参加する全端末は定期的に受信者レポートと送信者レポートを交換する。各端末は他のすべての端末からRTCPで通知される情報をデータベースの形で保持している。なお，RTCPのトラフィック（通信量）はRTPを合わせたセッション全体のトラフィックの5%

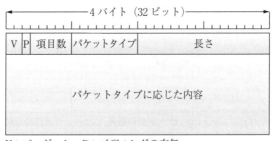

V：バージョン，P：パディングの有無

図8.8　RTCPパケットの構成[11]

表8.1　RTCP の各パケットタイプの内容

パケットタイプ	意　味	内　容
200	送信者レポート	送信時刻，累積送信パケット数，累積送信バイト数
201	受信者レポート	パケット損失率，累積損失パケット数，累積受信順序番号，ジッタ（受信間隔のゆらぎ），前回の送信者レポートの時刻，前回の送信者レポートからの経過時間
202	ソースの説明	正式名称，email アドレス，電話番号等
203	離脱通知	離脱するソース ID
204	アプリ定義パケット	試験用

を超えないようにするという決まりがある。

　受信者レポートは現在の受信状況を送信者に伝えるものである。送信側は受信者レポートに基づき，送信の速度や符号化の方法を調整する。送信者レポートによって通知される時刻情報はメディア間の同期（たとえば音声と映像のタイミング合わせ）に利用される。

【問 8.2】受信者レポートによって輻輳の発生が検知された場合，送信側はどのように対処すべきか。

8.3.5　VoIP

　VoIP（Voice over IP）は，パケット通信ネットワーク上でリアルタイムの音声通信を実現する技術の総称である。IP はベストエフォートでパケットを配信するため音声パケットもネットワーク上で破棄されることがある。パケットを再送している余裕はないのでトランスポート層には UDP が用いられる。VoIP で課題となることは失われたパケットの補償，遅延と**ジッタ**（パケット到着時間の細かなゆらぎ）への対処である。失われたパケットの部分は無音または雑音に置き換えて，ユーザになるべく気づかれないようにする必要がある。遅延とジッタが大きすぎると通話に支障が出るが，150 ミリ秒以内に遅延を抑えれば通話に支障はないとされている[3]。VoIP では先に述べた RTP と RTCP を用いてこの条件を満たすように送信時間と符号化則の制御・調整が行われる。なお，発信や着信，応答，切断等の処理は**呼制御**（**signaling**）と呼ばれ

るが，これらは次に述べる SIP によって行われる。

8.3.6 SIP

SIP（Session Initiation Protocol）は，端末間でリアルタイム通信を行う際にそのセッション（接続関係）を確立し，通信終了時にセッションを解放するために用いられるプロトコルである[12]。SIP はセッションの確立と解放だけに関与し，通信中の音声やデータの転送には関わらない。**図8.9** に SIP による呼制御の概要を示す。

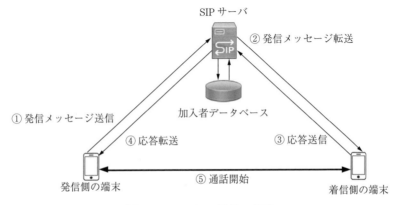

図8.9 SIP による呼制御の概要

まず端末は起動すると自身の電話番号や IP アドレスなどの登録情報をメッセージとして SIP サーバに送る。SIP サーバはその情報をデータベースに登録しておく。発信側の端末は相手の電話番号を含む発信メッセージを SIP サーバに送る（図の①）。SIP サーバは加入者データベースを検索して着信側の登録情報を特定し着信側の端末へ発信メッセージを転送する（図の②）。着信側の端末は SIP サーバに応答を返し（図の③），SIP サーバはそれを発信側の端末へ転送する（図の④）。以上により両方の端末は相手の IP アドレスを知り，SIP サーバを介さずに通話することが可能となる（図の⑤）。実際の通話（音声パケットのやり取り）は RTP および RTCP によって行われる。

8.4　移動通信の歴史と世代

　電波（**電磁波**）は，電気と磁気のエネルギーが波となって空間を伝わっていく現象である。電波を用いた通信，すなわち無線通信は長い歴史を持ち，19世紀末には研究開発が始められている。その後，ラジオ・テレビ放送，船舶・航空機の通信など多方面で実用化されてきたが，一般の人々が電話サービスとして利用できるようになったのは，比較的最近（20世紀末）のことである。

　移動通信と無線通信は，本来，同義ではない。たとえば，ノートPCを携えて出張し旅先から有線接続で社内と通信する場合は，移動通信ではあるが無線通信ではない。また，WiMAXなどの固定無線アクセスシステムは，ユーザの位置は固定であるから，無線通信ではあっても移動通信ではない。しかしながら，移動通信が広く普及し，それに無線を用いることが非常に多くなっているため，最近では，移動通信といえば無線通信を意味するようになってきている。

　移動通信の第1世代（1st Generation：**1G**）はアナログの音声通信，第2世代（2nd Generation：**2G**）はディジタルの音声中心の通信（一部データ通信あり），第3世代（**3G**）はディジタルの音声およびデータ通信というように発達してきた。そして，現在（本書執筆時点）は第4世代（**4G**）から第5世代（**5G**）への移行期にあたる。なお，3Gから4Gへの移行期の移動通信（3.9G）は**LTE**（Long Term Evolution）とも呼ばれるが現在では4Gに含められている。**図8.10**に日本における移動通信の変遷を示す。

　3Gでは，音声通信に回線交換方式，データ通信にパケット交換方式が用いられ，コアネットワークの中でそれぞれのドメイン（ネットワークの領域）が分離されていた。4Gではすべての通信にパケット交換方式が用いられ，統合されたコアネットワーク上で音声とデータの通信が行われている。5Gでは通信速度のいっそうの向上により，超高速・大容量・低遅延・高品質の通信が実現される。

　移動通信は，Long Term Evolution（長い期間の発展）という言葉にも表れ

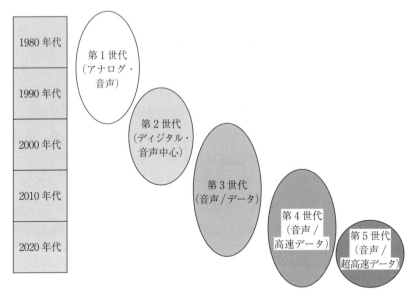

図8.10　日本における移動通信の変遷

ているように世代交代にはある程度の期間が必要となる。それは新しい技術の
研究開発には時間がかかることに加え，ある世代の設備（装置・システム）は
一定期間使用する必要があり，新しいものに即座には取り替えられないからで
ある。また，ユーザもすぐに新しい端末に交換するわけではない。したがっ
て，新しい世代の設備が現れても前の世代の設備もしばらくは稼働を続けるこ
とになる。

8.5　4G ネットワークの構成と仕組み

図8.11 に 4G（LTE）のネットワーク構成とそこに使用される装置を示す[18]。
4G のネットワークは，ユーザの端末と直接無線で通信する無線アクセスネッ
トワーク（Radio Access Network：**RAN**）と，ユーザデータと制御データを転
送するコアネットワークの2つからなる。4G のコアネットワークは **EPC**
（Evolved Packet Core）と呼ばれる。図8.11 ではユーザデータの流れを太線，

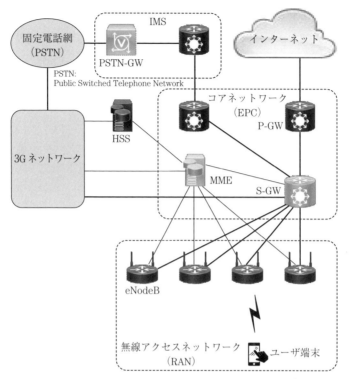

図 8.11　4G のネットワークの構成と使用される装置[18]

制御データの流れを細線で示している。

　4G の基地局（無線 LAN の AP に相当する装置）は **eNodeB** と呼ばれる。4G では電話の音声もパケットとして転送されるが，品質を確保するために音声通信は EPC の外部に設けられた **IP マルチメディアサブシステム**（IP Multimedia Subsystem：**IMS**）によって制御される。4G の高品質な音声通信に用いられるデータ通信技術およびその規格を **VoLTE**（Voice over LTE，ボルテ）という。

　EPC 内のサービング・ゲートウェイ（Serving Gateway：**S-GW**）はユーザ端末のパケットを取り扱い，基地局間やシステム間のデータの中継を行う。パケット・データ・ネットワーク・ゲートウェイ（Packet Data Network Gateway：**P-GW**）は EPC と外部ネットワーク（インターネット等）や IMS との接続，ユーザ端末への IP アドレス割り当て等の処理を行う。

ホーム加入者サーバ（Home Subscriber Server：**HSS**）は全ユーザの位置情報，サービス加入情報，認証情報等をデータベースとして保持するサーバである。モビリティ管理エンティティ（Mobility Management Entity：**MME**）はHSS から得る情報に基づいてユーザ端末を認証し，ユーザ端末とサーバとの間の接続やパケット通信用のパスの設定を行う。

【問 8.3】パケット通信で高品質な音声通話を実現するためにはどのような制御が必要となるか。

8.6　5G ネットワークの特徴

本書執筆時点（2022 年）は 4G から 5G への移行期に相当している。5G では超高速（10 Gbps），超低遅延（1 ミリ秒未満），多数同時接続（100 万台／km^2）の通信が実現される。そのために **NR**（New Radio）と呼ばれる新たな無線通信技術が用いられ，これまでには使用されなかった周波数帯域も利用される。

また，コアネットワークには NFV，SDN，分散クラウド，ネットワークスライシングと呼ばれる技術が用いられる[18]。**NFV**（Network Function Virtualization）とは個々のネットワーク装置の機能を仮想化し，それらを汎用サーバの上でソフトウェアとして実現することである。従来のような個別の専用装置を用いないため，機器コストを低減するとともにソフトウェアによる柔軟なネットワーク構成が可能となる。**SDN**（Software Defined Network）は第 5 章でも述べたようにデータ信号の流れと制御信号の流れを分離し，ネットワークをソフトウェアによって集中制御する技術である。ネットワーク機能の各種設定を一括して動的に行うことにより，低コストで柔軟なネットワークの運用・管理が実現される。**分散クラウド**（distributed cloud）は，**クラウドコンピューティング**†のサーバ機能をネットワーク内に分散配置することであり，ユーザは最寄りのサーバからサービスを受けることができる（**エッジコンピューティング**）。

---

†　データやアプリケーションなどのコンピュータ資源やサービスをネットワーク経由で利用する仕組み。

これにより低遅延の安定したサービス提供が可能となる。**ネットワークスライシング**（network slicing）とは，共通のハードウェア資源（装置や伝送路）を用いてその上に複数の独立した仮想ネットワークをソフトウェアで構築することである。資源の有効利用とコスト削減ができるとともに動的で柔軟なネットワーク構成が可能となる。

演 習 問 題

【8.1】 100 M ビット／秒の LAN に接続されているブロードバンドルータ経由でインターネットを利用している。FTTH の実効速度が 90 M ビット／秒で，LAN の伝送効率が 80％のときに，LAN に接続された PC でインターネット上の 540 M バイトのファイルをダウンロードするのにかかる時間は，およそ何秒か。ここで，制御情報やブロードバンドルータの遅延時間などは考えず，また，インターネットは十分に高速であるものとする。

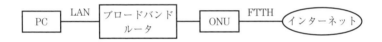

　　ア　43　　イ　48　　ウ　54　　エ　60
「出典：平成 22 年度 春期 応用情報技術者試験 午前 問 35」

【8.2】 広帯域無線アクセス技術の一つで，最大半径 50 km の広範囲において最大 75 M ビット／秒の通信が可能であり，周波数帯域幅を 1.25〜20 MHz 使用するという特徴をもつものはどれか。
　　ア　iBurst　　イ　WiMAX　　ウ　W-CDMA　　エ　次世代 PHS
「出典：平成 21 年度 春期 応用情報技術者試験 午前 問 35」

【8.3】 SDP（Session Description Protocol）の説明として，適切なものはどれか。
　　ア　音声，映像などのメディアの種類，データ通信のためのプロトコル，使用するポート番号などを記述する。
　　イ　音声情報をリアルタイムストリームとして IP ネットワークに送り出す際のペイロード種別，シーケンス番号，タイムスタンプを記述する。
　　ウ　パケットの欠落数やパケット到着間隔のばらつきなどの統計値のやり取りに使用する。
　　エ　ユーザエージェント相互間で，音声や映像などのマルチメディア通信のセションの確立，変更，切断を行う。
「出典：平成 22 年度 秋期 ネットワークスペシャリスト試験 午前 II 問 16」

【8.4】 ETSI（欧州電気通信標準化機構）が提唱する NFV（Network Functions Virtualization）に関する記述のうち，適切なものはどれか。

　　ア　ONF（Open Networking Foundation）が提唱する SDN（Software-Defined Networking）を用いて，仮想化を実現する。

　　イ　OpenFlow コントローラや OpenFlow スイッチなどの OpenFlow プロトコルの専用機器だけを使ってネットワークを構築する。

　　ウ　ルータ，ファイアウォールなどのネットワーク機能を，汎用サーバを使った仮想マシン上のソフトウェアで実現する。

　　エ　ロードバランサ，スイッチ，ルータなどの専用機器を使って，VLAN，VPN などの仮想ネットワークを実現する。

「出典：令和 3 年度 春期 情報処理安全確保支援士試験 午前Ⅱ 問 18」

第 9 章

ネットワークセキュリティ

　情報には他者に知らせたい情報と他者には知られたくない情報がある。前章までは他者に知らせたい情報をいかに効率よく確実に届けるかという観点から情報通信ネットワークの仕組みを論じてきた。本章では他者には知られたくない，または壊されたくない情報をいかに守るかという観点で情報通信ネットワークを考える。大切な情報を脅かす脅威と情報を守るための技術的方法について解説する。

9.1　情報セキュリティの要素

　情報セキュリティとは，情報の**機密性**（**Confidentiality**），**完全性**（**Integrity**），**可用性**（**Availability**）の 3 つを保つことである。これらは**情報セキュリティの 3 要素**と呼ばれ，英語の頭文字をとって CIA ともいう。機密性とは正当な資格を持つ者だけが情報にアクセスできること，完全性とは情報が完全であり改ざんや破壊を受けないこと，可用性とは資格のある者が必要時にいつでも情報にアクセスできることを意味する。さらに**真正性**（**Authenticity**），**責任追及性**（**Accountability**），**否認防止**（**Non-repudiation**），**信頼性**（**Reliability**）の 4 つを加えて**情報セキュリティの 7 要素**とすることもある。真正性は情報やそれにアクセスする者が本物であると確認できること，責任追及性はアクセスの履歴を追跡できること，否認防止は情報を後から否定できないようにすること，信頼性は情報システムが間違いなく動作することである。

【問 9.1】真正性が確保されていないと何が起きるか。

9.2　セキュリティに対する脅威と備え

インターネット上では残念ながら情報セキュリティの要素を脅かす行為（攻撃）が日常的に行われている。こうした脅威に対して耐性が弱いことを**脆弱**であるという。脆弱な情報通信システムはセキュリティを保つことができない。**表9.1**に情報セキュリティの3要素を脅かす攻撃の例とその対策の例を示す。

表9.1　情報セキュリティを脅かす攻撃と対策の例

情報セキュリティの要素	攻撃の例	対策の例
機密性	盗聴, システムへの不正侵入・不正操作	暗号化, パスワード認証, ファイアウォールやIDS*の設置
完全性	情報の改ざん・破壊	暗号技術を利用する改ざん・破壊の検出
可用性	システムへの攻撃・破壊	ファイアウォールやIDSの設置

*　IDS（Intrusion Detection System）：侵入検知システム（9.2.5項参照）

9.2.1　DoS 攻 撃

DoS（Denial of Service）攻撃は**図9.1**（a）に示すように標的とするコン

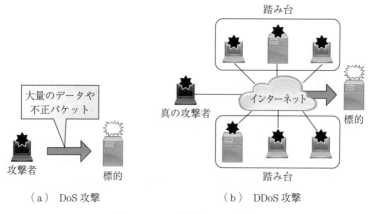

踏み台

大量のデータや不正パケット

攻撃者　　　標的

真の攻撃者

インターネット

標的

踏み台

（a）　DoS攻撃　　　　　　（b）　DDoS攻撃

図9.1　DoS攻撃とDDoS攻撃

ピュータに大量のデータや不正パケットを送信し，過負荷の状態を作り出してサービス不能に陥らせる攻撃である。**DDoS**（Distributed DoS）攻撃はこれをさらに巧妙にしたものであり，攻撃者はまず多数のコンピュータに不正なプログラムを密かに送信・インストールし，それらを攻撃者に仕立てる。不正プログラムをインストールされたコンピュータ（**踏み台**）は自身が攻撃者になったことを知らない。そしてある時一斉に大量のデータや不正パケットを標的に送りつけてサービス不能に陥らせるのである。DDoS 攻撃（図9.1（b））では多数のコンピュータが攻撃を仕掛けるためにその効果が大きい上に真の攻撃者を特定することが難しい。

　DoS 攻撃や DDoS 攻撃の具体例として TCP の SYN フラッド攻撃がある。SYN フラッドによる DoS 攻撃と DDoS 攻撃を**図9.2**（a），（b）に示す。SYN フラッド攻撃では，攻撃者は標的に向かってコネクション確立要求の SYN セグメントを多数送信する。標的のコンピュータはそれらに対して通信のためのリソース（メモリなど）を確保して応答（ACK/SYN）を返すが，攻撃者は最

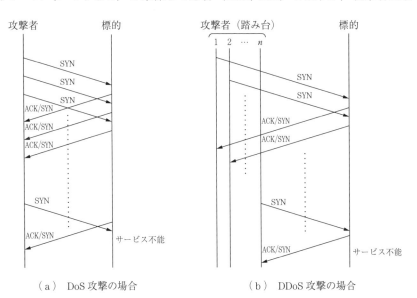

（a）　DoS 攻撃の場合　　　　（b）　DDoS 攻撃の場合

図9.2　SYN フラッド攻撃

後の応答を返さない。したがって3ウェイハンドシェイクが途中で停止した状態が多数存在することになり，標的となるコンピュータは正当なコネクション確立要求に応えられなくなってしまう。

9.2.2 さまざまな攻撃手法

DoS や DDoS 以外にもさまざまな技術的脅威（攻撃手法）が存在する。その一部を以下に示す。

DNS キャッシュポイズニング（DNS cache poisoning）は DNS キャッシュサーバのキャッシュ情報を改ざんすることである。poison とは「毒を入れる」という意味である。利用者を偽の Web ページに誘導し，パスワードなどの情報を入力させて不正に取得する。または偽の電子メールを送って攻撃者の Web ページに誘導することもある。このようにして情報を不正に取得することを**フィッシング**（phishing）という。

より直接的にパスワードを入手する攻撃としては，辞書ファイルに基づいて単語の組合せを順次試していく**辞書攻撃**（dictionary attack）や，すべての文字の組合せを試す**総当たり攻撃**（brute force attack）がある。

ユーザが Web ページを閲覧した時に密かに不正なプログラム（後述するマルウェア）をダウンロードすることを**ドライブバイダウンロード**（drive-by download）という。

データベースの定義や操作は SQL という言語を用いて行われることが多いが，不正な SQL コマンドを送りつけてデータベースを改ざんしたり，不正に情報を入手する攻撃を **SQL インジェクション**（SQL injection）という。

ソフトウェアの脆弱な部分を**セキュリティホール**（security hole）という。セキュリティホールが発見されてから修正プログラムが提供されるまでの期間をゼロデイ（zero-day）と呼ぶ。この期間を利用して行われる攻撃を**ゼロデイ攻撃**（zero-day attack）という。

9.2.3　マルウェア

　悪意を持ってネットワークやネットワーク機器に害を及ぼすソフトウェアを総称して**マルウェア**（malware）と呼ぶ。なお，コンピュータウイルス（computer virus）という言葉は経済産業省によって次のように定義されている。

　『第三者のプログラムやデータベースに対して意図的に何らかの被害を及ぼすように作られたプログラムであり，次の機能を一つ以上有するもの。

　　（1）　自己伝染機能

　　自らの機能によって他のプログラムに自らをコピーし又はシステム機能を利用して自らを他のシステムにコピーすることにより，他のシステムに伝染する機能

　　（2）　潜伏機能

　　発病するための特定時刻，一定時間，処理回数等の条件を記憶させて，発病するまで症状を出さない機能

　　（3）　発病機能

　　プログラム，データ等のファイルの破壊を行ったり，設計者の意図しない動作をする等の機能』（経済産業省「コンピュータウイルス対策基準」からの引用）

　上記の（1）から（3）のいずれかひとつでも有していればコンピュータウイルスということになる。この定義はマルウェアを定義したものと考えてよい。従来，マルウェアは**ウイルス**（virus），**ワーム**（worm），**トロイの木馬**（Trojan horse）の3種に分類されてきた。

　狭義のウイルスは「他のプログラムやデータに寄生して動作するマルウェア」である。ワームは「他に寄生せず単独で動作し，自己増殖するマルウェア」である。トロイの木馬は「有益なプログラムを装いながら裏で不正を行うマルウェア」である。しかしながら，最近ではこれらの特徴を合わせ持つマルウェアも現れており，単純な分類は難しくなっている。たとえば，単独のプロ

グラムでいかにも役に立ちそうなプログラムに見せかけて裏でファイルを感染させ，かつメールを使って他のコンピュータに自らを送信するようなウイルスとワームとトロイの木馬すべての特徴を持つようなマルウェアもある。

【問 9.2】 近年増加しているマルウェアに**ランサムウェア**（ransomware）と呼ばれるものがある。どのようなものか調べよ。

9.2.4 ファイアウォール

ファイアウォール（firewall）は防火壁という意味であるが，コンピュータネットワークにおいてはネットワークの入り口に設置し内部を外敵から守る装置あるいはソフトウェアを意味する。侵入してくるパケットを検査し，安全が確認されたパケットだけを通過させる。この機能を**パケットフィルタリング**（packet filtering）という。パケットフィルタリングにおいて重要な点は不審なパケットを通過させないということではなく，安全であると確認されたパケットだけを通過させるということである。パケットを検査する判定基準は IP アドレス，プロトコル，ポート番号などを組み合わせてネットワーク管理者が決定する。

図 9.3 はファイアウォールを 2 段構えにしたネットワークの構成例である。ネットワーク内部を外部に公開する部分と公開しない部分に分けてそれぞれの入り口にファイアウォールを設置する。図のファイアウォール 1 とファイアウォール 2 に挟まれた部分を**非武装地帯**（Demilitarized Zone：**DMZ**）と呼び，ここに外部に公開する DNS サーバ，メールサーバ，Web サーバなどを設置する。ファイアウォール 1 はこれらのサーバへアクセスするパケットをチェックし，安全と判断されたものは通過させる。ファイアウォール 2 は 1 よりも判定基準を厳しくして組織内部のネットワークを防御する。このようにファイアウォールを 2 段構えにすることにより組織外部への情報発信と組織内部の防御を両立させることができる。

【問 9.3】 DNS サーバを DMZ に設置するのはなぜか。

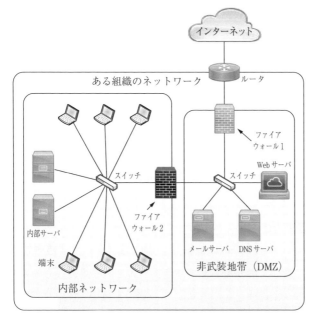

図 9.3 ファイアウォールと非武装地帯

9.2.5 侵入検知／防止システム

　ファイアウォールはパケットのヘッダ部分に着目して攻撃者のパケットを排除するが，さまざまなタイプの攻撃からネットワークを守るためにはより厳密なパケットの検査が必要である。**IDS**（Intrusion Detection System, **侵入検知システム**）は侵入するパケットのデータ部分やパケットの挙動を監視し，疑わしいパケットを発見した場合はネットワーク管理者に通知するシステムである。さらに疑わしいパケットを除去するシステムが **IPS**（Intrusion Prevention System）である。IDS と IPS をまとめて **IDPS** と呼ぶことがある。IDS では通常，パケット検査の負荷を分散するためにネットワーク内に複数のセンサを配置する。それぞれのセンサが役割分担をしてパケットの検査を行い，疑わしいパケットを管理サーバに通知する。IDS はネットワークを監視するネットワーク型 IDS とホスト（端末）を監視するホスト型 IDS に分類される。また，攻

撃の挙動（パタン）を事前登録してそれらと比較するタイプと通常の動作から
大きく逸脱する挙動を発見するタイプに分けられる。

9.3 暗 号 技 術

暗号技術とは，ある情報を第三者には判読できないようにする技術である。
暗号は非常に古い歴史を持つが，軍関係者，政治家，外交官などのように限ら
れた人々の間で使われてきた。一般の人々が暗号を利用するようになったのは
比較的最近のことであり，特にインターネットの普及によって暗号はネット
ワーク上で日常的に使われるようになった。

　古代ローマのシーザー（Caesar）が用いた暗号（**シーザー暗号**）は，アル
ファベットの文字をいくつかずらして置き換えるという単純なものである。た
とえば，3文字右へずらすという規則にすれば，AはD，BはE，CはFのよ
うになり，最後のX，Y，Zは最初に戻ってA，B，Cとなる。この暗号を用い
れば「HELLO」という文字列は「KHOOR」という文字列に置き換わる。この
ようにある文字を別の文字に置き換える暗号を**換字式暗号**という。暗号は文字
の順序を入れ替えることでも実現できる。たとえば「HELLO」を逆の順序に
並べると「OLLEH」となる。このように文字の順序を入れ替える暗号を**転置
式暗号**という。さらに文字と文字の間に別の文字を挿入することもできる。
「HELLO」の文字と文字の間に「BOOK」という文字列を1文字ずつ分解して
挿入すると「HELLO」は「HBEOLOLKO」となる。このような暗号を**挿入式
暗号**という。ここに示した暗号はきわめて単純な例であり，容易に解読されて
しまうものである。しかし，現在ネットワーク上で用いられている暗号は，い
ずれも上に示した換字式，転置式，挿入式のいずれか，またはそれらを組み合
わせたものである。ただし，その方法は複雑であり容易に解読することはでき
ない。なお，上の例に示した「文字」とは一般には文字情報（ASCIIコードな
どによる文字）に限らず，一定の長さを持つ任意のビット列である。

　暗号化される前の情報を**平文**といい，暗号化された情報を**暗号文**という。平

文を暗号文に変換することを**暗号化**，逆に暗号文を平文に変換することを**復号**という。暗号化には，アルゴリズムと鍵が必要である。**アルゴリズム**は暗号化の手順のことであり，**鍵**は暗号化の際に平文とともに用いる情報のことである。上に述べた「HELLO」のシーザー暗号（換字式）の例では，「アルファベットを右へ何文字かずらす」がアルゴリズムであり，「3文字」が鍵である。転置式の例では「5文字を単位として並べ替える」がアルゴリズムであり，順序を示す「54321」が鍵である。挿入式の例では「鍵を分解して1文字おきに挿入する」がアルゴリズムであり，挿入に使われる文字列「BOOK」が鍵である。以上を**表9.2**にまとめる。

表9.2　暗号の方式と例

暗号の方式	アルゴリズムの例	鍵の例	平文の例	暗号文
換字式	アルファベットを右へ何文字かずらす	3文字	HELLO	KHOOR
転置式	5文字を単位として並べ替える	54321	HELLO	OLLEH
挿入式	鍵を分解して1文字おきに挿入する	BOOK	HELLO	HBEOLOLKO

　復号にも鍵とアルゴリズムが必要である。上に示した例では復号に使う鍵は暗号化に使う鍵と同一であり，暗号化のアルゴリズムを逆に働かせることによって復号できる。**図9.4**に暗号システムの基本構成を示す。なお，次節に示すように暗号化と復号に用いる鍵は必ずしも同一とは限らない。

　暗号にはひとつの原理がある。それは「暗号のアルゴリズムは公開し，鍵だ

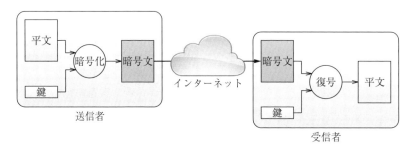

図9.4　暗号システムの基本構成

けを秘密にする。しかし，それでも十分な強度を持たなければならない」とい
うものである。これは提唱者の名前をとって**ケルクホフスの原理**（Kerckhoffs'
principle）と呼ばれる。通信相手ごとに別々のアルゴリズムを用意することは
実際上不可能であるため，アルゴリズム自体は公開・共有し，鍵だけを秘密に
するのである。よく使われる暗号のアルゴリズムは標準化されている。

9.4　共通鍵暗号方式と公開鍵暗号方式

9.4.1　2つの暗号方式

　暗号の方式は，**図9.5**の（a），（b）に示す共通鍵暗号方式と公開鍵暗号方
式の2つに大別される。

　共通鍵暗号方式の共通とは，暗号化に使う鍵と復号に使う鍵が同じであるこ

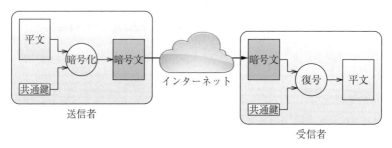

（a）　共通鍵暗号方式

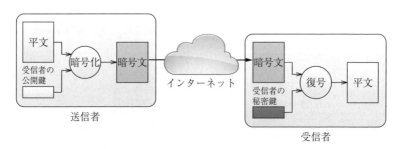

（b）　公開鍵暗号方式

図9.5　共通鍵暗号方式と公開鍵暗号方式

とを意味している。この鍵を**共通鍵**と呼ぶ。私たちは自分の部屋に鍵をかける
が，閉じる時も開ける時も同じ鍵を用いる。これは共通鍵暗号方式を用いてい
るといってよい。自分以外の人に鍵を開けてもらうためには，その人に秘密裏
に同じ鍵（または鍵の複製）を渡しておかなければならない。これを**鍵配送問
題**（key distribution problem）という。ネットワークを介して鍵を秘密裏に渡
すには暗号化して送ればよいと考えるかもしれないが，それを復号する鍵はど
うやって渡すのかという堂々巡りの議論に陥ってしまう。そのため共通鍵は
ネットワークを介さずに渡すことが長い間行われてきた。鍵配送問題は解決不
可能な問題とされていたが，20世紀の末にネットワークを通じた鍵交換方式[†]
や公開鍵暗号方式が発明され，ようやく解決された。

　公開鍵暗号方式では閉じる時と開ける時に異なる鍵を用いる。**公開鍵**は閉じ
るための鍵であり，**秘密鍵**は開けるための鍵である。受信者の公開鍵はだれで
もアクセスできるところ（たとえばネットワーク上のWebサイトなど）に置
き，容易に入手できるようにしておく。すなわち，だれでも送りたい情報を受
信者の公開鍵で暗号化し送信できるのである。したがって公開鍵暗号方式には
鍵配送問題がない。秘密鍵は復号する人，すなわち受信者だけがだれにも知ら
れないように自身のコンピュータ内に保持しておく。公開鍵で暗号化された暗
号文は，秘密鍵を持っている本人しか復号できないため，情報の機密性が確保
されるのである。

9.4.2　AES

　AES（Advanced Encryption Standard）は，共通鍵暗号方式の標準であり現
在広く用いられている。以前は**DES**（Data Encryption Standard）やDESの
鍵を複数使用する**3DES**（Triple DES）が使用されていたが，脆弱性が指摘さ
れて推奨されなくなっている。AESはDESや3DESの後継の暗号として使わ

[†]　逆算がきわめて困難な離散対数問題（discrete logarithm problem）という数学上の問
　　題を利用するDiffie-Hellman鍵交換方式（Diffie-Hellman key Exchange：DHE）が有名
　　である。

れている。

AES では平文を 128 ビットのブロックに分割し，ブロックごとに暗号化を行う。鍵の長さは 128 ビット，192 ビット，256 ビットのいずれかを選択できる。通常は 128 ビットまたは 256 ビットの鍵が使用される。暗号化は元の鍵から拡張された鍵（ラウンドキー）を用いてブロック内の置き換えと並べ替えを複数回繰り返して行われる。繰り返しの回数（ラウンド数）は鍵の長さによって異なり，128 ビットの鍵では 10 回，256 ビットの鍵では 14 回である。

AES は高速に暗号化と復号ができる強力な暗号である。強度の理由はその鍵の長さにある。DES が 56 ビット長の鍵を用いるのに対し，AES の鍵は 128 ビット以上あり，鍵の個数は $2^{128} \approx 3 \times 10^{38}$ 通り以上ある。現在の高性能コンピュータを多数並列に用いても総当たりで鍵を突き止めるには膨大な時間がかかり，鍵の特定は事実上不可能である。したがって，鍵が盗まれない限り AES は安全な暗号といえる。

9.4.3　RSA

RSA は広く用いられている公開鍵暗号である。RSA とはこの暗号の共同開発者である R. Rivest, A. Shamir, L. Adleman の姓の頭文字をとったものである。RSA は**素因数分解**の困難性を利用した暗号である[13]。暗号化と復号の手順，鍵の生成方法について具体例を用いて以下に示す。また，この暗号の安全性の根拠について述べる。

RSA の公開鍵は 2 つの整数 n と e の組 (n, e) であり，秘密鍵も 2 つの整数 n と d の組 (n, d) である。平文の数値 a を暗号化するには，a の e 乗 $(= a^e)$ を n で割った余り b を求める。b が暗号文の数値である。b を復号するには，b の d 乗 $(= b^d)$ を n で割った余りを求める。すると再び平文の数値 a が得られる。

公開鍵と秘密鍵に共通する数値 n は非常に大きな 2 つの素数 p と q の積である。e は p と q からそれぞれ 1 を引いた数の積，すなわち $(p-1)(q-1)$ と互いに素になる数を選ぶ。互いに素とは 1 以外に公約数を持たない関係のことで

ある。たとえば，簡単な例として小さな素数の $p=5$，$q=11$ を選べば $n=55$ で
あり，$(p-1)(q-1)=4\times10=40$ となる。40 と互いに素な数として $e=7$ を選べ
ば，公開鍵（55，7）が得られる。秘密鍵の d は，e との積 ed を $(p-1)(q-1)$
で割って 1 余る数として求める。d は e と $(p-1)(q-1)$ に**拡張ユークリッド
アルゴリズム**（extended Euclidean algorithm）を適用することで簡単に求め
られるが，その詳細は省略する。この例では秘密鍵を（55，23）とすることが
できる。7 と 23 の積 161 を 40 で割ると 1 余ることから 23 は条件を満たして
いることがわかる。

　例として上の公開鍵で平文の数値 8 を暗号化することを考える。$8^7=2\,097\,152$
を 55 で割ると，商は 38 130，余りは 2 であるから暗号文の数値は 2 である。2
を受け取った受信者は $2^{23}=8\,388\,608$ を 55 で割り，その余りから元の平文の
数値 8 を得る（商は 152 520）。

　秘密鍵（n，d）の d を公開鍵（n，e）から求めるためには $(p-1)(q-1)$
がわからなければならない。そのためには n を素因数分解して p と q を求め
なければならない。ところが p と q がきわめて大きな素数の場合，n を p と q
に素因数分解するには高性能のコンピュータを用いても膨大な時間がかかり，
素因数分解は事実上不可能である。したがって実際に公開鍵から秘密鍵を求め
ることはできない。そのため RSA 暗号は安全な暗号といえるのである。RSA
は鍵の生成や暗号化，復号の方法が単純でわかりやすいが，素数の判定が面倒
であり特に暗号化と復号の計算に時間がかかるという短所がある。そこで通信
の当事者たちは最初に公開鍵暗号を使って共通鍵を共有し，その後は共通鍵暗
号を使って通信を行うことがよく行われる。共通鍵はメッセージ本文に比べれ
ば長さが非常に短いため，公開鍵暗号を用いてもすぐに鍵の共有ができる。ま
た，その後は共通鍵暗号を用いて安全で高速な通信が行われる。公開鍵暗号と
共通鍵暗号を併用した暗号通信の概要を**図 9.6** に示す。

【問 9.4】 公開鍵（91，7）と秘密鍵（91，31）は RSA 暗号の鍵の条件を満たすことを
　　　　　確かめよ。

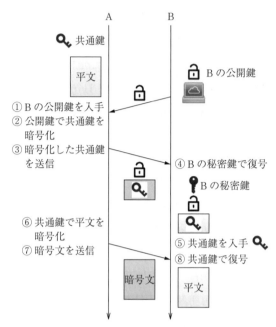

図9.6 公開鍵暗号と共通鍵暗号を
併用した暗号通信の概要

9.5 電子署名と SHA

　紙の文書に署名や捺印を行うのと同様にネットワークを通して送る情報にも
署名が必要な場合がある。前節で述べた公開鍵暗号はそのために利用すること
ができる。公開鍵は閉じるための鍵，秘密鍵は開けるための鍵であると述べた
が，実は秘密鍵で閉じて公開鍵で開けることも可能なのである。送信者は
RSA の例で示した秘密鍵の（55，23）を使って数値2を暗号化し，その結果
の8を送信する。受信者はそれを公開鍵（55，7）で復号すると数値2が得ら
れる。秘密鍵で暗号化できるのはその鍵を持っている本人だけである。一方，
公開鍵を入手した人はだれでも復号できる。公開鍵で復号した結果，意味のあ
る情報が得られれば，それは秘密鍵の持ち主が暗号化したものに他ならない。

そのことは情報に署名が行われていることに等しい。秘密鍵を用いて情報に署名することを**電子署名**あるいは**ディジタル署名**と呼ぶ。電子署名は法的にも効力を持つことが法律で定められている（2001 年の電子署名法）。

　公開鍵暗号は暗号化と復号に時間がかかるため，長いメッセージ全体に署名することは手間がかかり得策でない。そこで一般には元のメッセージを圧縮し，その結果得られる短い情報に署名を行う。メッセージ全体を固定長の短い情報に圧縮する関数を**ハッシュ関数**（hash function），ハッシュ関数の出力値を**ハッシュ値**（hash value）と呼ぶ。ハッシュ関数は情報を単純に圧縮するのではなく，元の情報の性質を反映するように圧縮を行う。つまり元のメッセージの中身が少しでも変わると出力されるハッシュ値が大きく変わるという性質を持っている。この性質はメッセージの改ざんを検出することに利用できる。いろいろなハッシュ関数があり，これまでは **MD5**（Message Digest 5）が広く使われてきたが，衝突（異なるメッセージから同じハッシュ値が得られる）の危険性が指摘されており，現在では **SHA**（Secure Hash Algorithm）の使用が推奨されている。ハッシュ値の長さは SHA-1 で 160 ビットであり，SHA-2 では 224，256，384，512 ビットのいずれかを選択できる。

　送信者はメッセージのハッシュ値を秘密鍵で暗号化（署名）し，元のメッセージに添付して宛先に送る。受信者は添付された情報を送信者の公開鍵で復号し，ハッシュ値を取り出す。そして受信したメッセージから得られるハッシュ値と比較する。両者が一致すれば，受信したメッセージは確かに送信者本人が作成したものであること，および転送の途中で改ざんが行われていないことを確認できる。なお，ハッシュ値に署名して得られる情報を **HMAC**（Hash-based Message Authentication Code：ハッシュベースのメッセージ認証コード）という。**図 9.7** にハッシュ関数を用いる電子署名の概要を示す。

【**問 9.5**】図 9.7 ではメッセージの暗号化は行われていない。メッセージも暗号化する場合はどうすればよいか。

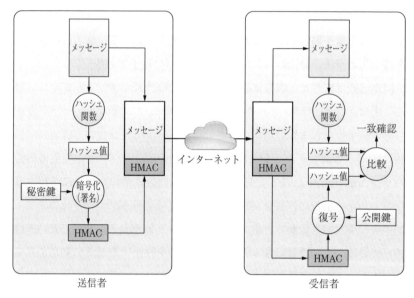

図 9.7　ハッシュ関数を用いる電子署名

9.6　認 証 技 術

認証技術とは通信相手が本当にその人本人であるかを確かめる技術である。認証には**パスワード**（password）が用いられることが多い。パスワードを平文のまま送ると途中で盗聴され盗まれてしまう。そこでパスワードを暗号化することになるが，単純に暗号化して送るだけでは不十分である。暗号化されたパスワードが盗まれると，後からそれを使ったなりすましが可能になるからである。その模様を**図 9.8** に示す。A は B に接続を要求し，要求されたパスワードを暗号化して B に送り認証を受ける（① 〜 ④）。ところがこの時，間にいる C が暗号化されたパスワードを傍受・記録し（⑤），後で A になりすまして B に接続を要求し，暗号化された A のパスワードを送ることで認証されてしまうのである（⑥ 〜 ⑨）。このような不正を**反射攻撃**または**リプレイアタック**（replay attack）という。

A
B
① 接続を要求
② パスワードを要求
③ パスワードを
暗号化して送信
パスワード
パスワード
④ 復号し，A を認証
パスワード
C
⑤ 暗号化された
パスワードを
傍受・記録
⑥ A になりすまし
て接続を要求
⑦ パスワードを要求
⑧ 暗号化された
A のパスワード
を送信
パスワード
⑨ 復号し，A と誤認
パスワード

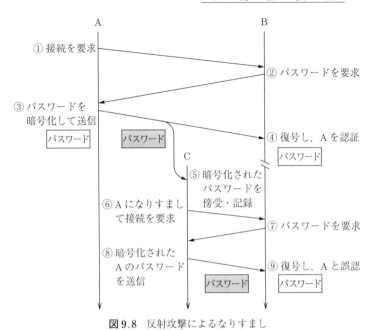

図 9.8　反射攻撃によるなりすまし

A
B
A の秘密鍵
A の公開鍵
① 接続を要求
② ノンス R1 を生成・送信
R1
③ R1 を秘密鍵で
暗号化して送信
R1
④ 公開鍵で復号し，A を認証
R1
C
⑤ 暗号化され
た R1 を
傍受・記録
⑥ A になりす
まして接続
を要求
⑦ ノンス R2 を生成・送信
R2
⑧ 暗号化された
R1 を送信
R1
⑨ 復号すると R2 に一致しない
ため接続を拒否

図 9.9　使い捨てコード（ノンス）による認証

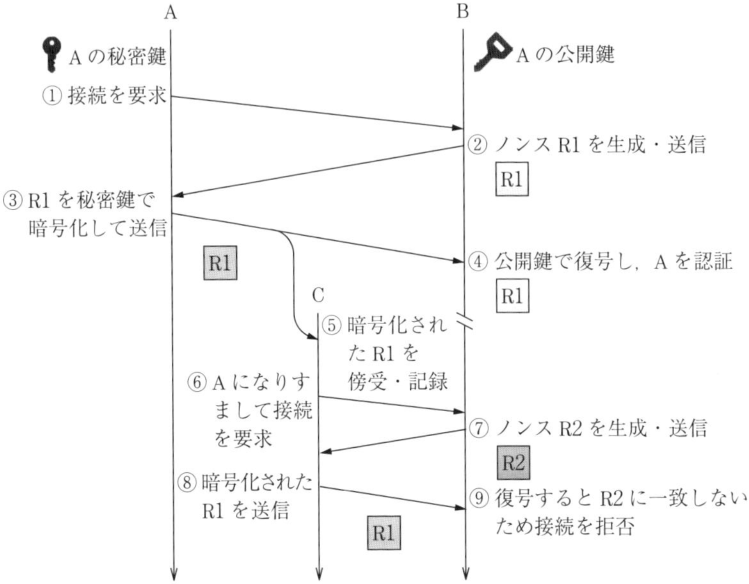

　反射攻撃によるなりすましを防ぐためには，いま接続を求めている相手が本当にネットワークの向こう側にいるのかを確かめる必要がある。そのために使い捨てコードの**ノンス**（nonce）が利用される。ノンスとは認証のためにその場で1回だけ使用するランダムな数値である。**図 9.9** に公開鍵方式とノンスを利用する認証の模様を示す。B は接続要求がくるたびに異なるノンスを生成・送信するため，反射攻撃は不可能であることがわかる。このような方式を**チャレンジレスポンス方式**（challenge and response）という。

9.7　認 証 局 と PKI

　公開鍵暗号方式は一見安全であると思われるが，根本的な課題がある。それは公開されている公開鍵の持ち主が本当にその人本人であるかという問題である。他人になりすまして自分の公開鍵を公開することもできる。それを信じた人はその公開鍵で暗号化した情報を送ってくるであろう。他人になりすましている当人は自分の秘密鍵でそれを復号できるのである。

　そのような事態を防ぐためには公開鍵自身を認証することが必要となる。それは信頼できる第三者機関が公開鍵の証明書を発行することにより実現される。公開鍵を証明する第三者機関を**認証局**（Certificate Authority：**CA**）と呼ぶ。認証局自身の公開鍵は広く公開され，だれでも利用することができる。認証局は公開鍵の証明書を発行する。それを**電子証明書**（あるいは**ディジタル証明書**）と呼ぶ。電子証明書のフォーマットは ITU-T の勧告 X.509 および IETFの RFC 5280 で標準化されている。電子証明書に記載されるおもな内容を**表 9.3**に示す。電子証明書は認証局の秘密鍵で署名されている。

　公開鍵を公開する者は，まず自身の身元情報と公開鍵を認証局に提出し，電子証明書を発行してもらう必要がある。公開鍵で暗号化を行う者はその電子証明書を取り寄せ，認証局の公開鍵を用いてその署名を確認する必要がある。Web ブラウザなどには代表的な認証局の電子証明書があらかじめインストールされている。電子証明書の登録申請から利用までの流れを**図 9.10** に示す。

表 9.3　電子証明書のおもな内容

項　目	内　容
版数	X.509 の版数（最新は第 3 版）
シリアル番号	認証局が電子署名に付与する通し番号
署名アルゴリズム	認証局が電子証明書に署名する時に使用するアルゴリズム
発行者名	電子証明書を発行する認証局名
有効期間	電子証明書が有効である期間（開始日時と失効日時）
所有者	電子証明書が証明する公開鍵の所有者
公開鍵	上記所有者の公開鍵，暗号アルゴリズムおよびパラメータ
署名	認証局の秘密鍵による署名

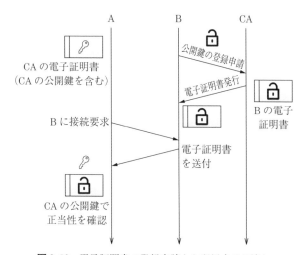

図 9.10　電子証明書の登録申請から利用までの流れ

　見知らぬ認証局が発行する電子証明書が届いた場合はその認証局の正当性を確認しなければならない。それが可能となるように認証局は上位の認証局から認証される仕組みになっており，認証局の全体は**図 9.11** に示すような階層構造を持っている。最上位のルート認証局は自らの正当性を電子証明書とは別の手段，たとえば外部機関による厳格な審査などで示さなければならない。インターネットでは認証局の階層構造によって信用の連鎖が形成されている。公開鍵暗号と電子署名によって安全な通信環境を提供する仕組み全体を**公開鍵基盤**（Public Key Infrastructure：**PKI**）と呼ぶ。

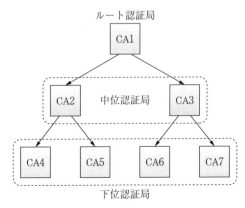

ルート認証局

CA1

中位認証局

CA2   CA3

CA4   CA5   CA6   CA7

下位認証局

図9.11 認証局の階層構造

9.8 プロトコルとセキュリティ

本節ではセキュリティを確保するプロトコルについて述べる。データリンク層，ネットワーク層，トランスポート層のそれぞれにおいてセキュリティを確保するためのプロトコルがある。

9.8.1 WPA

無線 LAN においては盗聴の危険が大きいため，セキュリティの確保がきわめて重要である。当初，**WEP**（Wired Equivalent Privacy）というプロトコルが使われていたが，脆弱性が指摘され **WPA**（Wi-Fi Protected Access）が使われるようになった。WPA は無線 LAN のセキュリティを定めた IEEE802.11i 標準の一部を実装したものであり，現在は **WPA2**（WPA の改訂版）が広く使われている。WPA2 では暗号として AES が用いられている。さらにセキュリティを高めた **WPA3** も制定されており利用が始まっている。

9.8.2 IPsec

IPsec（IP security）はネットワーク層（IP 層）における認証・暗号化のプ

ロトコルである。IPsec は VPN を構築するためによく利用される。**VPN**（Virtual Private Network）とはインターネット上に構築されるセキュアな私設ネットワークであり，現在多くの組織がそれぞれの VPN を構築している。

　IPsec のプロトコルには **AH**（Authentication Header）と **ESP**（Encapsulation Security Payload）の 2 つのプロトコルが含まれるが，一般に ESP のほうが広く用いられている。

　IPsec では通信を始める前に送信元と宛先の間に **SA**（Security Association）と呼ばれる論理的な接続関係を確立する。SA は送信元から宛先までの片方向の接続関係であり，双方向通信を行うためには 2 つの SA を確立する必要がある。SA の識別子を **SPI**（Security Parameters Index）という。SA には SPI，送信元，宛先，使用する暗号方式，暗号鍵，完全性確認の方法，認証鍵などの属性が含まれる。送信元と宛先の機器はこれらの情報をそれぞれのデータベース内に保持している。

　IPsec のパケットには**トランスポートモード**（transport mode）と**トンネルモード**（tunnel mode）という 2 つの形態があるが，VPN にはトンネルモードのほうが適しており広く用いられている。**図 9.12** に IPsec ESP を用いたある企業の VPN の構成例を示す。図 9.12 において本社のルータ R1 と支店のルータ R2 の間に 2 つの SA が確立され，この間で IPsec の通信が行われる。本社の LAN，支店の LAN それぞれに属する端末は通常の IPv4 パケットを送受信する。**図 9.13** に R1 と R2 の間で送受信される IPsec ESP パケットの構成を示

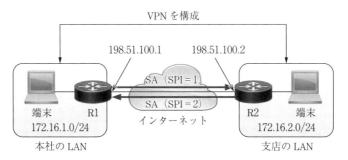

図 9.12　IPsec による VPN の構成例

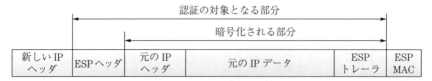

図 9.13　IPsec ESP パケットの構成

す。先頭の新しい IP ヘッダの送信元，宛先アドレスには R1，R2 の外部イン
タフェースの IP アドレス（198.51.100.1 と 198.51.100.2）が格納される。ま
たプロトコルフィールドには ESP を示す 50 番が格納される。ESP ヘッダには
SPI と順序番号，ESP トレーラには暗号化のためのパディング（長さ調整）そ
の他の情報が入る。端末間で送受信される元の IP パケットは ESP トレーラを
含めて暗号化される。ESP ヘッダから ESP トレーラまでの部分が認証の対象
となり ESP MAC にそのための情報が格納される。

9.8.3　**TLS**

TLS（Transport Layer Security）はトランスポート層における認証・暗号化
のためのプロトコルであり，IETF によって標準化されている。TLS はもとに
なった SSL（Secure Sockets Layer）の名前で呼ばれることもあるが，TLS と
本来の SSL の間には互換性がない。また，SSL には脆弱性が指摘されており
現在では推奨されていないが，TLS を **SSL／TLS** と表記する場合がある。TLS
は，2 つのソケット間で安全なコネクションを確立する。プロトコルの階層と
してはトランスポート層（TCP）とアプリケーション層の中間に位置する。
TCP コネクションの確立後に TLS によってクライアント・サーバ間のセキュ
リティパラメータの交渉，クライアントによるサーバの認証等が行われる。こ
れを **TLS ハンドシェイク**という。TLS ハンドシェイクにはクライアント・
サーバ間で基本的に 2 往復（2 RTT）の通信が必要となる。その後の通信にお
いて暗号化と復号，データの完全性確保が行われる。TLS の最新バージョンは
TLS1.3 である。

演　習　問　題

【9.1】攻撃者が用意したサーバ X の IP アドレスが，A 社 Web サーバの FQDN に対応する IP アドレスとして，B 社 DNS キャッシュサーバに記憶された。これによって，意図せずサーバ X に誘導されてしまう利用者はどれか。ここで，A 社，B 社の各従業員は自社の DNS キャッシュサーバを利用して名前解決を行う。

　　ア　A 社 Web サーバにアクセスしようとする A 社従業員
　　イ　A 社 Web サーバにアクセスしようとする B 社従業員
　　ウ　B 社 Web サーバにアクセスしようとする A 社従業員
　　エ　B 社 Web サーバにアクセスしようとする B 社従業員

「出典：令和元年度 秋期 基本情報技術者試験 午前 問 35」

【9.2】暗号方式に関する記述のうち，適切なものはどれか。

　　ア　AES は公開鍵暗号方式，RSA は共通鍵暗号方式の一種である。
　　イ　共通鍵暗号方式では，暗号化及び復号に同一の鍵を使用する。
　　ウ　公開鍵暗号方式を通信内容の秘匿に使用する場合は，暗号化に使用する鍵を秘密にして，復号に使用する鍵を公開する。
　　エ　ディジタル署名に公開鍵暗号方式が使用されることはなく，共通鍵暗号方式が使用される。

「出典：令和 2 年度 10 月 応用情報技術者試験 午前 問 42」

【9.3】メッセージの送受信における署名鍵の使用に関する記述のうち，適切なものはどれか。

　　ア　送信者が送信者の署名鍵を使ってメッセージに対する署名を作成し，メッセージに付加することによって，受信者が送信者による署名であることを確認できるようになる。
　　イ　送信者が送信者の署名鍵を使ってメッセージを暗号化することによって，受信者が受信者の署名鍵を使って，暗号文を元のメッセージに戻すことができるようになる。
　　ウ　送信者が送信者の署名鍵を使ってメッセージを暗号化することによって，メッセージの内容が関係者以外に分からないようになる。
　　エ　送信者がメッセージに固定文字列を付加し，更に送信者の署名鍵を使って暗号化することによって，受信者がメッセージの改ざん部位を特定できるようになる。

「出典：令和 4 年度 春期 応用情報技術者試験 午前 問 39」

【9.4】 チャレンジレスポンス認証方式に該当するものはどれか。

　　ア　固定パスワードを，TLS による暗号通信を使い，クライアントからサーバに送信して，サーバで検証する。

　　イ　端末のシリアル番号を，クライアントで秘密鍵を使って暗号化し，サーバに送信して，サーバで検証する。

　　ウ　トークンという装置が自動的に表示する，認証のたびに異なる数字列をパスワードとしてサーバに送信して，サーバで検証する。

　　エ　利用者が入力したパスワードと，サーバから受け取ったランダムなデータとをクライアントで演算し，その結果をサーバに送信して，サーバで検証する。

「出典：令和4年度 春期 応用情報技術者試験 午前 問38」

【9.5】 IPsec に関する記述のうち，適切なものはどれか。

　　ア　IKE は IPsec の鍵交換のためのプロトコルであり，ポート番号80が使用される。

　　イ　暗号化アルゴリズムとして，HMAC-SHA1 が使用される。

　　ウ　トンネルモードを使用すると，エンドツーエンドの通信で用いる IP のヘッダまで含めて暗号化される。

　　エ　ホスト A とホスト B との間で IPsec による通信を行う場合，認証や暗号化アルゴリズムを両者で決めるために ESP ヘッダでなく AH ヘッダを使用する。

「出典：平成27年度 春期 セキュリティスペシャリスト試験（現・情報処理安全確保支援士試験）午前Ⅱ 問9」

参 考 文 献

1) D. E. Comer：Internetworking with TCP/IP 6th edition, Pearson（2014）

2) A. S. Tanenbaum, N. Feamster and D. J. Wetherall：Computer Networks Global Edition, Prentice Hall（2021）

3) J. F. Kurose and K. W. Ross：Computer Networking 7th edition, Pearson（2017）

4) W. Stallings：Foundation of Modern Networking, Addison Wesley（2015）

5) K. R. Fall and W. R. Stevens：TCP/IP Illustrated, Volume 1：The Protocols, Addison-Wesley（2011）

6) R. Seifert and J. Edwards：The All-New Switch Book, Wiley（2008）

7) C. E. Spurgeon and J. Zimmerman：Ethernet The Definitive Guide 2nd edition, O'Reilly（2014）

8) D. Hucabay：CCNA Wireless 200-355 Official Cert Guide, Cisco Press（2016）

9) S. Halabi with D. McPherson：Internet Routing Architectures 2nd edition, Cisco Press（2001）

10) B. Pollard：HTTP/2 in Action, Manning Publications（2019）

11) C. Perkins：RTP, Addison Wesley（2003）

12) H. Sinnreich and A. B. Johnson：Internet Communications Using SIP 2nd edition, Wiley（2006）

13) S. C. Coutinho：The Mathematics of Ciphers：Number Theory and RSA Cryptography, A K Peters（1999）

14) A. S. Tanenbaum and H. Bos：Modern Operating Systems 4th edition, Pearson（2014）

15) 日本音響学会 編，城戸健一：ディジタルフーリエ解析（Ⅰ）—基礎編—，コロナ社（2007）

16) 伊丹　誠：わかりやすい OFDM 技術，オーム社（2005）

17) 石田　修，瀬戸康一郎：改訂版 10 ギガビット Ethernet 教科書，インプレス（2005）

18) 服部　武，藤岡雅宣：5G 教科書，インプレス（2018）

19) 井上友二 監修，沖中秀夫 他：NGN 教科書，インプレス（2008）

20) 諏訪敬祐，渥美幸雄，山田豊通：情報通信概論，丸善出版（2004）

21)　阪田史郎 他：情報通信ネットワーク，オーム社（2015）

22)　宇野新太郎：情報通信ネットワークの基礎，森北出版（2016）

23)　滝根哲哉：情報通信ネットワーク，オーム社（2013）

24)　大塚裕幸 他：基本からわかる情報通信ネットワーク講義ノート，オーム社（2016）

25)　あきみち，空閑洋平：インターネットのカタチ—もろさが織り成す粘り強い世界—，オーム社（2011）

問と演習問題の解答例

第1章

【問1.1】 10進数の200は2進数では1100 1000，16進数では0xC8である。2進数の1010 1011は10進数では171，16進数では0xABである。

【問1.2】 64 kbpsは0.064 Mbps（＝64÷1 000）である。2 MBは16 000 000ビット（＝2×1 000 000×8），2 MiBは16 777 216ビット（＝2×1 024×1 024×8）である。

【問1.3】 片方向通信にはテレビ・ラジオ放送，全二重通信には電話，半二重通信にはトランシーバがある。糸電話も半二重通信である。

【問1.4】 たとえば故障に備えてサーバを二重化すると攻撃される対象が増えてセキュリティが脆弱になる。信頼性を高めるために冗長な情報（誤り検出・訂正用ビットなど）を付け加えると伝送効率（性能）が低下する。

【演習問題1.1】
（1） 2進数は1111 0000，16進数は0xF0である。
（2） 16進数は0xAD，10進数は173である。
（3） 0000 1101 1011 1000である。

【演習問題1.2】 問1.2より2 MBは$16×10^6$ビットであるから，$16×10^6$ビット÷$(64×10^3 \text{bps})$＝250秒＝4分10秒となる。

【演習問題1.3】 セキュリティの完全な確保は難しく，ひとたび侵されると取り返しのつかない事態（たとえば個人情報の流出など）となるからである。信頼性や性能はいろいろな手段で向上させることができる。

【演習問題1.4】 IETFのWebサイト（https://www.ietf.org/rfc/）を参照。

第2章

【問2.1】 送信端末と受信端末が静止衛星の真下にあるとする。端末から静止衛星までの片道の伝送時間は36 000 km÷300 000 km／秒＝0.12秒であるから，情報が送信端末から静止衛星を経由して受信端末に届くまでに0.24秒かかる。応答も同じ時間を要するから合計で0.48秒，すなわち約0.5秒である。送信端末と受信端末が静止衛星の真下から離れている場合はこれ以上の時間がかかる。

【問 2.2】 4B/5B 符号を用いると伝送すべきビットが 25% 増加するので，伝送の速度は 100 Mbps×1.25＝125 Mbps としなければならない。

【問 2.3】 パケット交換のほうが速く届く。メッセージ交換では各交換機が長い情報をいったん蓄積してから次へ転送するが，パケット交換では適当に分割された短いパケットを蓄積し，それらを次々に転送できるからである。

【問 2.4】 コネクション型ではコネクションの確立／解放，確認応答のための処理や時間を要するが，確実な情報伝送が可能である。コネクションレス型ではそれらの処理や時間を必要とせず速い情報伝送が可能であるが，確実な情報伝送が難しい。

【演習問題 2.1】 標本化定理から最高周波数の 2 倍以上で標本化すればよい。したがって，標本化周波数は 40 kHz である。音楽 CD は 44.1 kHz で標本化されている。電話の音声帯域は 0.3〜3.4 kHz に制限されており，8 kHz で標本化されている。

【演習問題 2.2】 イ（詳細は Web サイトを参照）

【演習問題 2.3】 ASK，PSK のいずれにおいても信号点どうしの距離が短くなり，雑音への耐性が弱くなる（判別が難しくなる）。たとえば PSK では同一円周上に信号点が密集して並ぶことになる（図 2.9（ b ）を参照）。

【演習問題 2.4】 時分割多重では多重度に比例して伝送速度が増加する。64 kbps×24 ＝1 536 kbps＝1.536 Mbps である。

第 3 章

【問 3.1】 中継伝送にはトランスポート層以上の機能は必要でないからである。ネットワーク内の情報転送が正しく行われ（物理層・データリンク層），ネットワーク間の情報転送がベストエフォートで実現されれば（物理層〜ネットワーク層），確実な情報通信に責任を持つのは送信および受信端末の役割である。

【問 3.2】 OSI 基本参照モデルは複雑で実情には合わないからである。7 つの層すべてを実際のプロトコルとして標準化し，すべての端末にそれを実装することは現実的でない。歴史的にはトランスポート層とネットワーク層のプロトコルである TCP/IP が早くから普及し，その上にアプリケーションごとのプロトコルが作られてきた。

【問 3.3】 表 3.1 のプロトコルで提供されるサービスはすべてクライアント・サーバ型である。

【演習問題 3.1】 最下位の物理層である。装置に電源が入っているか，ケーブルが外れていないか，電波の圏外にいないか等から調べていくべきである。物理層から始めて順次上の階層について接続を確認していくことになる。

【演習問題 3.2】 通信は各アプリケーションが利用する共通的なサービスだからである。オペレーティングシステムはコンピュータの基本ソフトウェアであり，各アプリ

ケーションプロセスに共通的なサービスを提供する。通信もそのサービスのひとつである。アプリケーションプロセスはシステムコールと呼ばれる命令を用いてオペレーティングシステムのサービスを利用する。

【演習問題 3.3】　クライアント・サーバ型の長所はサーバの共通的なサービスを多くのクライアントが利用できることである。サーバの機能だけを変更してサービス内容を改善することもできる。また，複数のサーバを用意して負荷分散を図ることもできる。一方，短所はサーバに障害が発生すると多くのクライアントに影響を与えることである。ピア・ツー・ピア型の長所は高価なサーバを構築する必要のないことである。また，サーバを介さずに通信するために通信速度も速い。一方，多くのピア・ツー・ピア通信が一度に行われるとネットワークに大きな負荷を与えるという短所がある。また，通信相手の安全性の確認が困難でセキュリティの確保が難しいという短所もある。

【演習問題 3.4】　イ（詳細は Web サイトを参照）

第 4 章

【問 4.1】　製品番号に 24 ビットを使用できるから $2^{24} = 16\,777\,216$ 個である。

【問 4.2】　最大長は $1\,518$ バイト $= 12\,144$ ビットであるから，伝送速度 100 Mbps で割って $121.44\,\mu s$（マイクロ秒）である。

【問 4.3】　エージアウトの目的は，端末のシャットダウンや撤去が行われることを想定し，不要な情報を ARP テーブルに残さないようにすることである。

【問 4.4】　問 4.3 と同様の理由で不要な情報をアドレステーブルに残さないようにするためである。

【問 4.5】　スイッチ間でループが形成されブロードキャストストームが発生する。

【問 4.6】　半二重通信である。空間というひとつの媒体を使うため送信と受信を同時に行うことはできない。

【演習問題 4.1】　問 4.1 よりひとつの OUI で $16\,777\,216$ 台の機器（インタフェース）に番号を割り当てられる。OUI は全部で $4\,194\,304$（$= 2^{22}$）通りある。仮にひとつの製造メーカが 20 個の OUI を取得したとすると 3 億 3 000 万台以上の機器に番号を割り当てられる。当面枯渇する心配はないと考えられる。

【演習問題 4.2】　受信した装置がこの部分をフレームのタイプとして認識し 0x8100 の値を読み取ると，ただちに VLAN タグであると判定できるからである。

【演習問題 4.3】　共通点は送信前に他の端末が送信していないか調べ，送信の可否を判断する点である。相違点は CSMA/CD が送信中に衝突を検出した場合にただちに送信をやめるのに対し，CSMA/CA は衝突を検出しないことである。また，CSMA/

CD では ACK（確認応答）を返さないが，CSMA/CA は ACK を返す。

【演習問題 4.4】　IEEE802.11ax の後継規格として標準化中の IEEE802.11be（Wi-Fi7）
がある。2.4 GHz 帯，5 GHz 帯に加えて 6 GHz 帯も使用し 4096-QAM の変調方式で最
大 46 Gbps の伝送速度を実現する。

第 5 章

【問 5.1】　150.31.181.70 である。

【問 5.2】　ネットワークアドレスは 203.0.113.0/28，ブロードキャストアドレスは
203.0.113.15/28 である。

【問 5.3】　生存時間とヘッダチェックサムである。ルータが生存時間を減算すると
ヘッダチェックサムを再計算しなければならない。

【問 5.4】　128.1.3.0/24 のホスト部は 8 ビットであるから $2^8 = 256$ のアドレスを識別
できるが，ここからネットワークアドレス，ブロードキャストアドレス，ルータ
（R3）の内部インタフェースに割り当てられているアドレスを引くと 253 個のアドレ
スが残る。253 台の端末を収容できる。

【問 5.5】　伝送速度の大きいリンクのコストを低くして選ばれやすくするためであ
る。伝送速度が大きいほどパケットを速く届けられるから効率が高くなる。

【演習問題 5.1】　エ（詳細は Web サイトを参照）

【演習問題 5.2】　イ（詳細は Web サイトを参照）

【演習問題 5.3】　ウ（詳細は Web サイトを参照）

【演習問題 5.4】　エ（詳細は Web サイトを参照）

第 6 章

【問 6.1】　Ethernet の MTU の 1 500 バイトからオプション無しの IP ヘッダ（20 バイ
ト）と TCP ヘッダ（20 バイト）を差し引いた 1 460 バイトをデータの転送に使える。

【問 6.2】　可能である。1 対 N 通信では N 組，N 対 N 通信では $N(N-1)/2$ 組のコネ
クションを確立すればよい。ただし通信の効率は悪い。

【問 6.3】　区別できない。どちらも再送タイマーのタイムアウトとして検出されるか
らである。

【問 6.4】　RTT が長くなっているとすれば，同じタイマー値では再度タイムアウトが
発生する可能性があるからである。なお，この一時的なタイマー値の増大は再送無し
で ACK が戻ってきた時にキャンセルされる。

【問 6.5】　1 対 1 のコネクションを使用しないからである。

【演習問題 6.1】　イ（詳細は Web サイトを参照）

【演習問題 6.2】　イ（詳細は Web サイトを参照）
【演習問題 6.3】　ウ（詳細は Web サイトを参照）
【演習問題 6.4】　ウ（詳細は Web サイトを参照）
【演習問題 6.5】　エ（詳細は Web サイトを参照）

第 7 章

【問 7.1】　DHCP サーバの IP アドレスがわからないからである。なお，その後クライアントの IP アドレスが確定するまでの送受信（DHCPOFFER，DHCPREQUEST，DHCPACK）も基本的にはブロードキャストである。

【問 7.2】　名前解決ができずインターネット通信ができなくなる。しかし，IP アドレスがわかっていれば直接これを用いてインターネット通信を行うことは可能である。

【問 7.3】　メールの提出，メールの転送，メールの受信のそれぞれに TCP コネクションが必要となるから基本的に 3 本である。提出したメールサーバから受信する場合は 2 本である。

【問 7.4】　「01010100 01000011 01010000 00101111 01001001 01010000」を 6 ビットごとに区切ると「010101」，「000100」，「001101」，「010000」，「001011」，「110100」，「100101」，「010000」となる。これを Base64 の文字で表すと「VENQL0IQ」となる。なお，元のビット列を単純に ASCII コードで表すと文字列「TCP/IP」となる。

【問 7.5】　たとえば地図のダウンロードがある。CGI はユーザが指定したある範囲の地図をデータベースから選択してサーバプロセスに渡すアプリケーションを起動する。地図はクライアントに送られて表示される。ユーザがズームインすると JavaScript によってその中のある部分が詳細表示される。ユーザが地図上を移動またはズームアウトすると新たな地図情報が必要となるので，CGI が再び起動されてその情報が取得される。

【問 7.6】　ICMP はネットワーク層の監視（パケットの到達確認など）しかできないが，SNMP は MIB により機器やネットワークの詳しい状態を監視できる。

【演習問題 7.1】　ウ（詳細は Web サイトを参照）
【演習問題 7.2】　ア（詳細は Web サイトを参照）
【演習問題 7.3】　イ（詳細は Web サイトを参照）
【演習問題 7.4】　エ（詳細は Web サイトを参照）
【演習問題 7.5】　エ（詳細は Web サイトを参照）

第 8 章

【問 8.1】　PDS 方式は給電の必要な分岐装置の設置や維持が必要でないため，低コス

トでシステムを構成できるからである。

【問 8.2】　送信速度を下げ符号化方法を変更するなどの対処を行う。これにより品質（画質や音質）はある程度低下しても通信が維持されるようにする。

【問 8.3】　音声パケットを優先的に転送し，遅延を一定以下に抑える制御が必要となる。

【演習問題 8.1】　ウ（詳細は Web サイトを参照）

【演習問題 8.2】　イ（詳細は Web サイトを参照）

【演習問題 8.3】　ア（詳細は Web サイトを参照）

【演習問題 8.4】　ウ（詳細は Web サイトを参照）

第 9 章

【問 9.1】　たとえば，他人へのなりすましが可能になる。

【問 9.2】　感染したコンピュータやファイルを使用できないようにし，復元のための情報提供に金品を要求するものである。操作画面でパスワードを要求するようにする，ファイルを暗号化し読めないようにするなどの手口がある。

【問 9.3】　外部からの名前解決の問合せに答えられるようにするためである。DNS サーバが外部からアクセスできないと Web サーバやメールサーバの IP アドレスを伝えられない。

【問 9.4】　$91 = 7 \times 13$ で素数の積になっている。$(7-1) \times (13-1) = 72$ であり，7 は 72 と互いに素である。31 と 7 の積 217 を 72 で割ると商は 3 で余りは 1 である。したがって公開鍵 (91, 7) と秘密鍵 (91, 31) は RSA 暗号の鍵の条件を満たしている。

【問 9.5】　メッセージ，あるいはメッセージと HMAC を合わせた全体を受信者の公開鍵で暗号化すればよい。受信者は自身の秘密鍵でそれを復号することができる。

【演習問題 9.1】　イ（詳細は Web サイトを参照）

【演習問題 9.2】　イ（詳細は Web サイトを参照）

【演習問題 9.3】　ア（詳細は Web サイトを参照）

【演習問題 9.4】　エ（詳細は Web サイトを参照）

【演習問題 9.5】　ウ（詳細は Web サイトを参照）

索　引

——著者略歴——

1983 年	京都大学工学部電気工学科卒業
1985 年	京都大学大学院工学研究科修士課程修了（電子工学専攻）
1985 年	日本電気株式会社（NEC）勤務（〜2011 年）
2007 年	会津大学大学院非常勤講師（〜2014 年）
2009 年	博士（コンピュータ理工学）（会津大学）
2011 年	北海道情報大学教授
	現在に至る

情報通信ネットワーク入門
Introduction to Information and Communication Networks

© Hirokazu Ozaki 2023

2023 年 8 月 24 日　初版第 1 刷発行
2024 年 4 月 20 日　初版第 2 刷発行

★

検印省略

著　者	尾　崎　博　一	
発 行 者	株式会社　コロナ社	
	代 表 者　牛　来　真　也	
印 刷 所	新 日 本 印 刷 株 式 会 社	
製 本 所	有限会社　愛千製本所	

112-0011　東京都文京区千石 4-46-10
発行所　株式会社　コロナ社
CORONA PUBLISHING CO., LTD.
Tokyo Japan
振替00140-8-14844・電話(03)3941-3131(代)
ホームページ　https://www.coronasha.co.jp

ISBN 978-4-339-02936-9　C3055　Printed in Japan

（齋藤）